0～6歲幼兒右腦潛能開發遊戲

每天5分鐘！掌握腦部發展黃金關鍵期，
輕鬆培養孩子無限創造力

七田 厚／著
陳姵君／譯

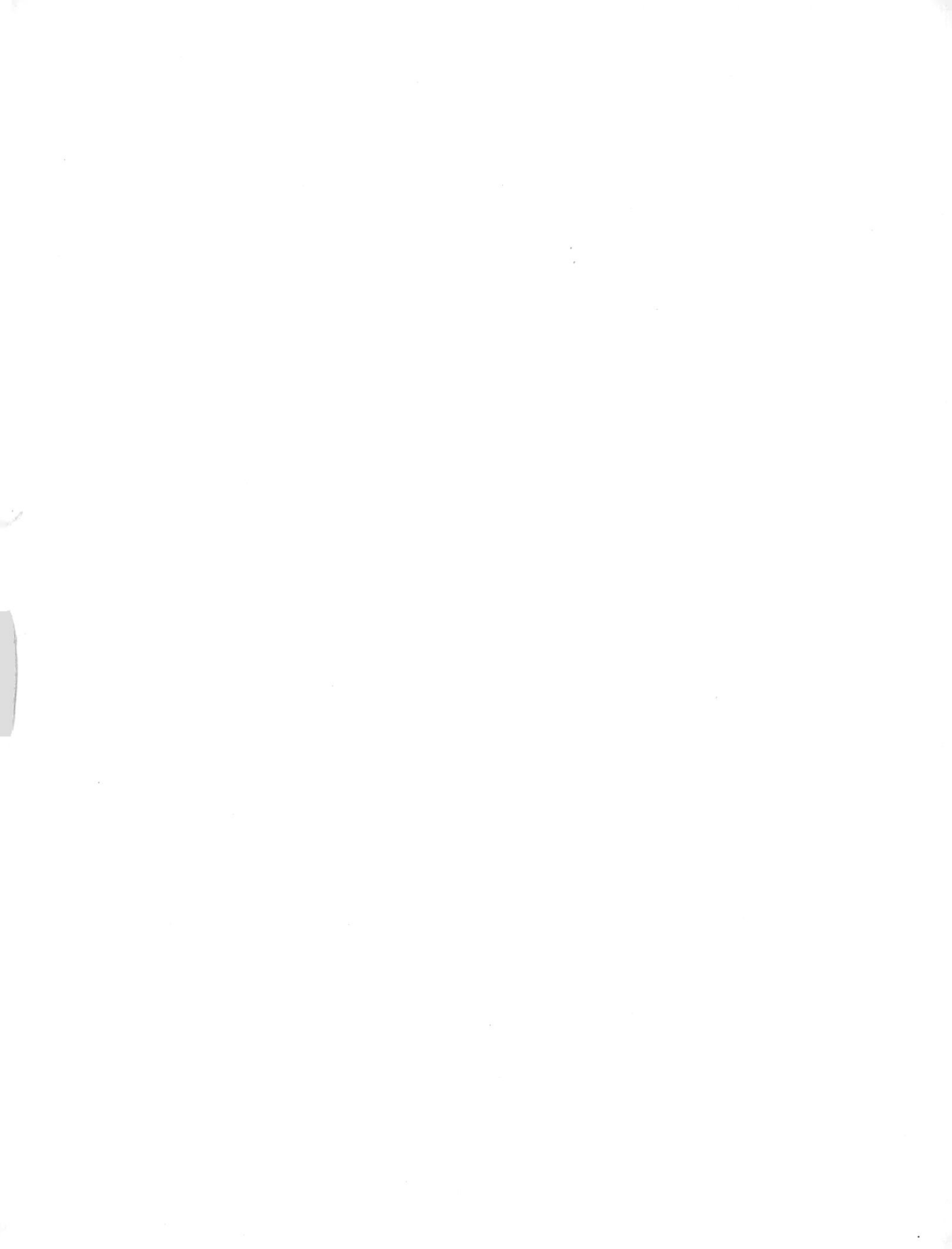

Prologue

「相處方式」會比「相處時間」更重要

父母親能在忙碌的每一天裡為孩子做哪些事

昨天你是如何與孩子交談互動的呢？

「動作快！不然媽媽會遲到。」

「先看個電視等一下，我馬上煮飯。」

「不要再拖了，快睡覺。」

回顧這一整天所發生的事，回想起跟孩子的對話時，是否才驚覺自己開口閉口都是「快點」、「沒時間了」、「快〇〇」之類的催促話語呢？

當工作育兒蠟燭兩頭燒的時候，光是要顧好日常生活的活動，就已經夠令人吃不消了。

說真的，自己又何嘗不想表現得更加從容有餘裕，問問孩子：「今天做了什麼？」、「開不開心」、「體驗了什麼、感受到什麼，一整天過得如何？」營造溫馨愉快的親子互動時間。

聽到媽媽友表示：

「我家孩子喜歡恐龍，所以就買了圖鑑親子共讀。」

「還會互相出恐龍謎題來考對方。」

而對自己與孩子的相處時間少得可憐、互動內容天差地遠的情況感到非常愕然，並沮喪地認為：

「**或許我根本沒為孩子做過任何事**」。

老實說，也有非常多的媽媽向我提出這方面的問題。

平常根本沒有餘力帶孩子學才藝，也沒時間讓孩子跟其他小朋友玩耍，或是陪著他們一起玩……萬一因為我沒為孩子做過任何事，而導致他們不如人，或讓他們覺得不夠被愛的話該怎麼辦……只要是有在工作的職場媽媽，或多或少都會存有這樣不安的心理。

不過，之所以會陷入這樣的煩惱當中，正是因為深愛著孩子的緣故。

這也證明了自己不想以「沒時間不得已」為藉口，極力想改善目前的狀況，想知道該怎麼做對孩子來說才是好的。

一般人往往都會認為愛孩子就等於要花許多時間來陪伴孩子，但實際上，時間並不是最重要的事項。

「時間上的餘裕＝關愛」

實際上並非如此。

如果要舉出親子互動的唯一祕訣，那就是讓心靈上產生餘裕，而非時間。

雖然這句話有可能會引來讀者開罵：「就是因為沒時間才做不到心有餘裕啊！」

但有時間的人並不一定就能保持心靈上的餘裕。

有些人就算有大把時間，但卻是一邊想著其他的事，一邊看著孩子玩耍，思緒萬千「一心二用」地育兒，這其實稱不上心有餘裕。

以孩子的視角，來看看他們究竟把注意力放在什麼上面。

豎耳傾聽，甚至直探其內心，理解孩子究竟想表達什麼。

就算時間很短暫也無所謂。

請心無旁騖地與孩子相處。

不錯過孩子的任何表情與動作，發自內心並疼惜地凝視著他們。在當下的這一刻，全心全意地與孩子相處。如果能夠以這樣的模式互動，就算相處的時間只佔一整天當中的短短幾分鐘，也能讓孩子確實感受到母親的關愛。

短短幾分鐘，親子關係就能產生巨大變化

「每天都沒時間，跟孩子的溝通方式頂多只是問問『今天做了什麼？』而已。」某位母親表示對這樣的狀況感到不安。如果一天只要撥出幾分鐘時間的話，應該有辦法配合，所以她接受了我的建議開始「唸俳句給孩子聽」。

沒想到她那5歲的孩子，非常開心能夠這樣與媽媽共度時光，從10句、20句、30句漸漸記住愈來愈多的俳句。

當媽媽說出上半句的時候，這名5歲男孩就會接下半句。在騎自行車接送孩子的上下學途中、搭電車時，利用早晚的零碎時間互相出題，透過俳句來對話。

「媽媽，我們來唸俳句（是日本一種有特定格式的詩歌）」、「我還想聽更多」，媽媽本身也感到很開心，親子的俳句時間便成為了最佳的溝通方式。

「不知道我家孩子究竟喜歡什麼。」

這種原本深怕自己無法了解孩子而感到不安的情緒，據說也隨之消失無蹤。

「要撥出大量的時間，要讓孩子多多體驗各式各樣的事物。」其實大可不必要求自己落實這樣的理想。**即便相處時間短暫，只要親子之間能交心樂在其中，父母親的愛就能直達孩子心中**；只要用心觀察就能在各種地方發現孩子的興趣所在。

透過這個方法能充分展現關愛，讓孩子感受到「自己是被愛的」。父母親也能藉此發現自家孩子「喜歡」的事物，進而灌溉培養這些才華幼苗。

如果只要花短短幾分鐘時間的話，不管多忙碌應該都有辦法努力做到吧？當孩子感受到「媽媽是愛我的」時，媽媽一定也會同樣感受到「孩子是愛我的」。因為愛會在彼此之間循環不息。

請與孩子遊戲同樂，用心感受這個幸福的循環。

孩子的天分是從「喜歡」開始萌芽的

「想幫孩子找出他們的天分。」

應該有相當多的家長都認為愈早學才藝愈好、學愈多愈好，而為了孩子的教育拚命工作賺錢吧！

家長在搶購話題人物藤井聰太棋士小時候愛玩的滾珠積木的同時，聽聞他是從5歲就開始下將棋，便認定天分果然還是要趁早培養因而積極尋覓才藝班。

的確，在6歲以前的幼兒階段開始學才藝，從腦部發育的觀點來看也相當有助益。積木對於培養空間掌握能力與邏輯能力有很大的效果，是很棒的益智遊戲。

不過，這是因為這個方式剛好適合藤井棋士的緣故。正因為他「喜歡」積木，而且後來還接觸到了將棋，所以才能充分發揮他的能力。

「希望我的孩子能像藤井聰太那樣！」而興沖沖地買了積木回家，但孩子卻毫無興趣，最後堆在房間角落長灰塵……相信某些讀者應該有這樣的經驗吧。

要讓孩子發揮天分，必須先找出他們喜歡的事物。

最重要的是，**找出自家孩子的「興趣」所在**。

關注「這孩子對什麼感興趣」，並多跟孩子互動對話「原來〇〇很喜歡這個呀」、「做得真好」、「能一起玩好開心喔」，一起為孩子的「喜好」感到開心。

而父母親找出孩子喜好的過程，就是不折不扣愛的表現。

父母親所能做的就是「提供機會」

無論任何人皆帶著無限的可能性誕生到世上。

但這些可能性的種籽究竟具有哪些特性、總共有幾顆則不得而知。總之每個孩子皆具備這樣的「寶田」。

寶物的種籽會隨機散落在這片田地裡，但若放置不理則會永遠都是一片荒野。種籽埋在乾硬貧瘠的土壤中是不可能發芽的。

比方說，孩子在外出途中會停下腳步仔細觀看路邊草木，就可以帶他到植物園或住家附近充滿自然景物的公園等地，為他們提供接觸許多植物的機會。告訴孩子正盛開的花朵名稱，親子一起增長知識也是不錯的方法。

若孩子詢問：「那個字是什麼意思？」想多加了解詞彙，就可以上圖書館選擇喜歡的書本，就算每天只學一個單字也無所謂，為他們提供能夠接觸許多詞彙的機會。如此一來，相信孩子們的求知慾也會變得更為強烈。

仔細觀察孩子平時的狀態，**為他們提供能夠發現「喜愛」事物的機會、多安排**

機會，讓他們「喜愛」的事物能夠擴展延伸，這兩點都是只有父母親才能做到的。

有時也可能會發生明明覺得孩子很喜歡卻又立刻覺得膩了，或者是根本不太感興趣而預測錯誤的情況。

不過，當孩子置身於好奇心受到刺激的環境時，未知天分幼苗發芽的可能性，會遠比「與機會絕緣」的情況來得高。

仔細觀察孩子究竟有哪方面的天分，不錯過任何蛛絲馬跡，並為他們提供發展的機會。日復一日開墾荒野、持續灌溉，花上好幾年的時間建造基礎，使其萌芽。育兒簡直就是媲美拓荒者的工作。

發芽之後，茁壯根莖、開花結果則是孩子們自己必須負責的工作。從長期以來積極耕種的作業中抽手，將主體轉移到孩子身上也是父母親的任務。

將主體性轉移到孩子本身的時期，一般來說都認為是在小學二年級，也就是從7歲開始。0～6歲的幼兒期主體性由父母親掌握，持續耕耘，讓孩子從7歲起便能順利掌握主體性是相當重要的。

不過也不需要有壓力太大，認為幼兒期與父母親的相處方式會決定孩子的一生。請帶著期盼的心情去發掘自家孩子的才能幼苗為何種顏色、何種形狀，協助找出他們「喜愛」的事物。

即便沒時間也能發現孩子「喜愛」的事物

在現今的時代，身兼育兒與工作的職業婦女比例高達75%。

除了自身的儀容整理，還要盯著孩子換裝、吃早餐、刷牙。就算孩子發脾氣哭鬧，也只能硬把人架上腳踏車，扣上座椅安全帶出發。每天早上都為了趕電車而急著將孩子送往幼兒園，下班後則一路狂奔接孩子，19點過後回到家還必須準備晚餐。終於幫孩子洗完澡、哄他們入睡已將近22點……。

一切只能以「畢竟有工作要顧這樣也是不得已」來解釋，每天勉強保住平常心。在這樣的環境下，要撥出時間尋找孩子喜愛的事物應該很難吧！經常聽到許多媽媽表示，其實自己也想充滿餘裕地關注孩子的一舉一動，無奈就是沒有辦法做到，而感到掙扎煎熬。

那麼，與孩子互動時間很短的父母親，是不是就無法發現他們喜愛的事物呢？絕對沒有這回事。

就算是在非常少的時間裡，也還是能夠營造發現孩子喜愛事物的溝通機會。

因為我個人身分的關係，常被許多人認為我們家「想必給了孩子最完美的教育」，但事實上我和妻子都忙於工作，夫妻倆也經常出差，時常會將三個孩子託付給祖父母帶。

老實說，我甚至覺得自己在孩子的幼兒期教育是經常缺席的，離所謂的完美差得非常遠。正因如此，我非常能體會家長感嘆煩惱「沒時間」、「想為孩子做點什麼卻分身乏術辦不到」的心情。

即便像我這樣以工作為重的人，也透過自身的經驗體會到，**即使在撥不出時間的情況下，只要掌握重點，就能和孩子們度過美好時光，成為能夠發現他們「喜愛」事物的家長。**

七田式教育創辦人七田真所推廣的右腦教育本質，也就是以愛為基礎的培育方法，由我七田厚接棒傳承，一路走過60年，並透過本書以右腦開發遊戲的形式來介紹給所有的讀者。

那些在看到目次後驚訝地認為「這些全都必須做嗎？」的家長，請放心。

平日只須做到1項就可以。

週末只要進行2項遊戲就好。

為了讓職場媽媽覺得「這些我也能做到！」而願意放心嘗試，我徹底針對內容與進度做調整，只要依循本書所設計的3個月計劃進行互動，就能在親子同樂的同時，發揮孩子的各項能力。

「這麼簡單不複雜的話，或許有辦法再多做一些。」

如果能如此有感而發的話，就代表你用對方法了。希望讀者們勇於嘗試，試著撥出時間多多和孩子互動。

目次

Prologue
「相處方式」會比「相處時間」更重要

Chapter 1
在0～6歲時進行右腦開發遊戲，能大大拓展孩子的才能

Chapter 2

每個月都能看見孩子的成長！週末右腦開發遊戲

第2個月 培養自行思考的能力 87

這個——嘛……

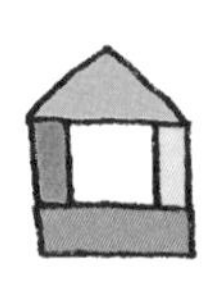

第3個月 磨練表達能力 121

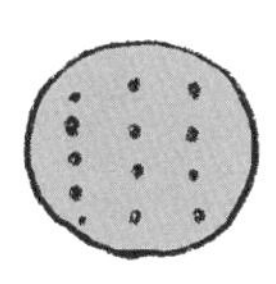

讓孩子感受到更多的愛！親子溝通術

插圖　　　matsu
裝幀　　　河村かおり（yd）
編輯協力　福井壽久里
編輯　　　枝久保英里（WAVE出版）
校對　　　東京出版Service center

Chapter 1

在 0 ～ 6 歲時
進行右腦開發遊戲，
能大大拓展
孩子的才能

在0～6歲時刺激右腦，有助於發展才能

「據說天才的右腦特別發達。」

「很有邏輯的人慣用左腦。」

讀者們是否曾聽過這樣的說法呢？

右腦與左腦所掌管的能力不同，可大致區分為以下的特徵。

右腦：具有極佳的感受、直覺能力，高度的綜合判斷力。善於掌握圖像、空間概念。屬於充滿藝術性的樂天派。

左腦：具有極佳的分析、邏輯思考能力，擅長語言與計算。屬於做事認真、一絲不苟的努力派。

不論是誰都是以左右腦並用的方式過日子。右腦與左腦並沒有何者能力較為突出之分，如果真要區分的話，也只能用哪一邊的傾向較為明顯來做判斷而已。

熱愛藝術，總是有源源不絕點子的人，右腦的能力應該比較強；思考方式極富邏輯性，擅長建構理論並做出結果的人，可以說左腦能力較為優秀。

人類從出生到幼兒期為止都是以右腦進行判斷，根據直覺來做出行動的。滿3歲後左腦會開始發達，漸漸地產生邏輯思考。能理解父母所說的話並反映在行為上，正是因為這個時期的言語腦，也就是左腦開始發達的緣故。

開始接受學校教育之後，便沒有培育右腦的機會，相關能力就會遭到埋沒。以學科成績為主的教育，課程設計主要都是在培養學生的邏輯思考，因此只會針對左腦能力進行評價，而不重視右腦的能力。

提到右腦教育，往往會讓人聯想到「培養特殊超能力」、「培養天才的菁英教育」。其實，**右腦能力是每個人都具備的，只要加以培育，任何人都能使其開花結果**。

培育右腦以促進發展的最佳時期，就是右腦占優勢的6歲前這段幼兒期。

方法就是跟孩子一起玩。

沒有必要逼他們「好好用功」，也不必按表操課強迫他們「做完預定的範圍」。

只要親子同樂玩遊戲就可以了。

推廣了60年的右腦教育，我們一直強調，**右腦教育就是一種愛的表現**。感受到父母之愛的喜悅與安心，有助於發展孩子們的右腦能力，這點也獲得腦科學研究證實。

正因為在「好玩」、「開心」的遊戲中，達到親子身心並用的溝通互動，右腦才會受到刺激，打下良好的基礎，培養出終生受用的靈感、彈性思維、創造性、豐沛的感受力、整體掌握能力、記憶力等等。

其中「記憶力」、「想像力」、「直覺力」甚至可稱為是右腦的三大能力。培育這三項能力，孩子就會逐漸成長為能夠自主思考、自行做決定的大人。

右腦所能激發的3種能力

在0～6歲時鍛鍊過右腦的孩子們，主要能大幅培養出「**記憶力**」、「**想像力**」、「**直覺力**」這3項能力。具備這些能力的孩子們，往往能夠一個接一個地實踐自身的夢想。

接下來將簡單帶著讀者看看，能讓人圓夢的3大能力究竟為何物。

●記憶力

在6歲之前腦部正值發育的階段，只要進行記憶力的訓練，就能夠養成終生受用的記憶力。關鍵因素就在於右腦，在右腦占優勢的這個時期訓練記憶力，便可**培養**出「**無意識的記憶力**」。就算本人沒有刻意背記，也能不費吹灰之力地記住龐大的資訊。

像是還不識字的兒童能將論語或平家物語的一小節倒背如流、洋洋灑灑地說出長達2分鐘的文章內容等等，每個孩子都能透過這個方式培養出驚人的記憶力。

而且，幼年期透過右腦記憶接收的資訊是不會忘記的。感覺就像腦內有座圖書館那樣，能不斷儲存知識，並能在有需要的時候從保存處提取已記住的資訊。

即使長大成人也能透過右腦記住各種事物，**無須費勁就能擁有超強記憶力**。

●想像力

想像力對於實踐自身夢想是相當重要的，而這個想法在近年來也逐漸廣獲多數人的認同。人會無意識地隨著心之所向做出行動，**如果能描繪理想目標、具體想像達成目標的自己，就能在無意識中朝著將來的目標採取行動**。

此外，化危機為轉機的彈性思維、工作與人際關係、豐富人生的思考能力，都能透過想像力養成。

從幼年期開始透過「這個形狀看起來像什麼呢？」之類的單純假想遊戲，來進行想像力訓練的話，就能在長大成人後培養出實踐自身想法的想像力。

●直覺力

「不好的預感」、「心心相印」、「心有靈犀」是自古以來用來形容直覺能力的詞彙。這些應該都可以被稱為是超出人類的思考範疇、觸及真理的能力吧，絕非毫無根據的瞎猜。

人在每天的生活中必須做出大量的判斷，當下看起來似乎是透過思考做決定，但其實經常是藉由直覺下判斷。相信許多讀者應該都有過毅然決定某件事之後，反倒進行得相當順利的經驗吧？果斷抉擇其實就是憑藉著無法以理由說明的直覺所做的判斷。

原本，每個人天生就具備直覺這項能力。但愈是依賴「思考」來整理龐大的資訊量，就愈不會運用到直覺，使得這項能力逐漸遭到埋沒。

在不太進行思考的幼兒期，就是訓練直覺的最佳時期。

當面臨分岔路時，無論如何絞盡腦汁、羅列資訊擬訂計劃，最終所倚賴的仍是自己的直覺力。只能憑著自己的直覺決定該走哪條路，判斷「就這麼做吧」。

直覺力可以說是生存力的根本，在幼兒期加以訓練的話，就能成為有能力做決斷的人。日後能堅信自身的決定而不會受人左右，並能對自己的人生負責。

當孩子感受到愛時，效果會倍增

相信應該有非常多的讀者認為，「教導」是父母養育孩子必須要盡到的責任吧。諸如學會用杯子喝水、學會穿鞋、飯菜不亂撒、會說很多單字、不跟小朋友發生衝突……。

認為育兒等於「教導」的父母親，帶起孩子會覺得處處受挫。

「教導」之後，一定就會針對孩子「做到」與「沒做到」的部分進行評判。父母親反倒變成評斷孩子的人。

如此一來，只會讓孩子感受到有條件的愛。他們會認為父母並不愛真實的自己而經常感到不滿。

無法毫無偽裝地被接納的匱乏之感，會轉化為反抗、毫無幹勁、愛哭等行為，讓父母親覺得頭痛難應對，因此育兒路會走得很辛苦。

在這種時候，千萬不能認為「孩子不受教沒學好規矩，老是那種態度肯定會惹人嫌，必須嚴加管教」而變本加厲。

請先試著排除教導是最重要的這種想法。育兒最為重要的是，要用愛來填滿孩子的「心」。**百分之百完全接納孩子，視其為美好的存在，擁抱他們幼小的心靈。**

刺激腦幹，心靈就能獲得滿足

該如何才能讓孩子感受到愛，並滿足其心靈呢？要探討這個問題，必須針對腦與心靈教育有何關聯進行了解。首先，就從腦部機制看起。

看看左頁插圖就能得知，**位於腦部最底層的「腦幹」部分是與心靈息息相關的**。雖然「教導」能夠刺激腦內掌管知識的區塊，但那僅僅也只是觸及腦的外圍部分而已。

要培養出充滿幹勁、自我肯定感高、堅強有韌性的孩子，就必須以愛來填滿其心靈。為此，刺激腦幹是不可或缺的。

讓孩子感受到父母的愛＝刺激腦幹的方法，就是「身體接觸」。

這是因為和人類在媽媽肚子裡所展開的胎兒個體發生有關。

其實腦幹與皮膚是同根同源的。在胎兒時期透過細胞分裂形成腦部的階段，一部分的外胚層形成腦幹，一部分則往外成為皮膚。原本兩者為同一個細胞，分裂後仍會產生連動，因此皮膚所接收到的刺激就會傳遞至腦幹。位於身體最外層的皮膚居然會與腦部最底層的部位有所連結，只能說人體真的很奧妙。

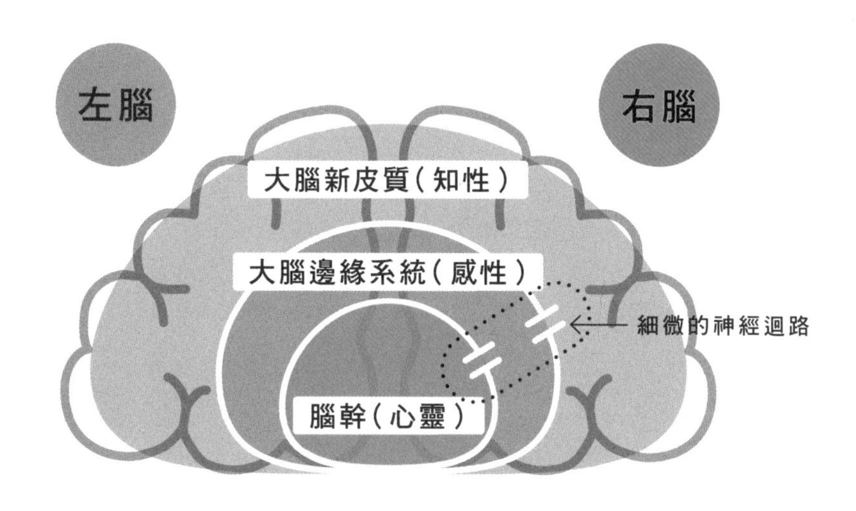

請多多擁抱、撫摸孩子。大量的身體接觸能刺激掌管心靈的腦幹，讓孩子感受到愛。

當我們覺得對方惹人憐愛時，就會忍不住想抱緊處理，這是因為我們在無意識之間，明白表達愛的方式就是讓肌膚有所接觸的緣故。由此可證細胞是有記憶的。

秉持「短、過、完、比、學、原」的原則讓孩子感受到愛

「我當然也想讓孩子感受到我的愛，可是按照我的方式真的有辦法做到嗎？」，很多媽媽因為這樣的原因而感到擔心。做母親的總是希望能跟來到這個世上報到的心肝寶貝共度幸福時光。當母親覺得幸福的時候，孩子就能感受到愛，幸福也會在彼此之間循環。

要是一心為了孩子好，只顧著考慮該做這個、該做那個的時候，就會失去感受幸福的餘裕。

為孩子做很多事並不是一種表現愛的方式。有些讀者會問：「那究竟該怎麼做才好？」其實只要注意6大原則就好，接下來就為大家解釋「短、過、完、比、學、原」這6項重點。

「短」：不聚焦於短處

「過」：在每個過程中耐心守候

「完」：跳脫完美主義
「比」：比較時須注意
「學」：不以學業成績為中心
「原」：原原本本最好

【不聚焦於短處】

短處與長處其實是一體兩面的。無法同時兼具兩項相反的特質，這就是人類。一動也不動地駐足端詳路邊花朵的小朋友，或許是充滿觀察力與好奇心，對花卉醉心、感性十足的孩子也說不定。如果父母親注重的是行動敏捷有效率，那這樣的舉動就會被視為「慢吞吞」、「完全沒考慮到下一步」而成為扣分的因素。

因此不如就訂下「不聚焦於短處」的規則吧！

當覺得孩子溫吞慢半拍的時候，要是能轉念想想「這孩子具有面對眼前事物的專注力」並當成長處來看，是再好不過的了。然而，當家長心情煩躁時，或許沒辦法這樣調適。**一旦察覺到自己「將孩子的舉動視為短處」時，就先暫停思考。**只擷取客觀事實，告訴自己，孩子不過是看著路旁的花朵而已。暫時將焦點從短處上轉移開來，情緒就會緩和下來，而能稍事等待，或冷靜地告訴孩子「我們該走了喔」。

要做到不聚焦於短處，**從平時便養成誇獎孩子長處的習慣也很有效**。「你會自己穿衣服了耶，好棒喔！」孩子獲得媽媽的稱讚會覺得開心，而願意主動做更多事，原本讓媽媽覺得拖拖拉拉的缺點表現也會日益減少。

孩子為了想被誇獎就會積極地做出行動，媽媽也就不會老是看見孩子的缺點，如此一來便能達到加乘效應，因看不慣短處而劍拔弩張的情況，也會漸漸從孩子與母親的世界裡消失。

【在每個過程中耐心守候】

1歲有1歲的成長過程，3歲也會有3歲的成長過程。有些事不是孩子不會，而是依循著成長階段隨著年齡漸增學會的。不執著於「現在還不會」，而是將目光放在「今後會慢慢學會」的成長潛力上，溫暖有耐心地守候。

就像每個年齡都有相對應的成長過程那樣，**每個孩子也有自己的成長進度**。不需要因為書上寫著到「哪個年齡就應該學會哪些事物」而患得患失，請用心關注孩子的成長過程就好。這是只有身為父母親的你才能給予的，愛的視線。

【跳脫完美主義】

儘管下班回到家已經是滿身的疲累，仍舊事必躬親地教孩子寫測驗卷或陪讀英文。聽到孩子出聲表示「媽媽，跟妳說喔」時，則停下忙著做家事的雙手，轉過身來微笑以對。

很想達到心目中的這些理想，但現實卻做不到，很多媽媽在育兒的時候會因此覺得洩氣。

為了接近理想狀態而奉行完美主義的媽媽們，**首先請好好稱讚自己「每天要上班還得帶孩子，我已經夠努力了」**。

接下來，試著以退而求其次來取代完美主義。

父母親愈是努力想給孩子理想的教育，孩子愈會被高難度目標壓得喘不過氣。做父母的總會說「這是為了你好」，但為孩子打造的環境，卻往往流於一廂情願，多半都不是孩子真正所想要的。而父母親也會對和自身理想背道而馳的孩子感到不耐煩，愈發焦急覺得有壓力。像這種毫無餘裕的完美主義，只會對父母本身帶來折磨而已。

退而求其次指的是，不雄心萬丈地企圖完全落實理想教育，在自身家庭的能力範圍內為孩子付出即可。

平日如果父母本身分身乏術的話，就不進行學習方面的指導。要是沒時間也沒太多預算的話，就只在週末安排一項才藝學習。為了多和孩子聊聊天，有時晚餐吃即時調理包也無所謂。

退而求其次就是讓父母親從「該做好〇〇」的壓力中解放，心靈便能隨之產生餘裕。這麼一來，父母就能擺脫「硬將自身理想套用在孩子身上，卻處處受挫的煩躁情緒」所造成的負面循環，進而營造出對孩子最好的生活環境。

【比較時須注意】

請不要拿孩子和兄弟姊妹、同學等其他對象做比較。

「〇〇已經會講簡單的句子了，我家孩子卻還不會說話。」

「哥哥明明跟同學們相處融洽，〇〇卻會動手動腳，沒辦法跟同學玩。」

就算未曾實際說出口，像這樣在心裡默默比較的行為也是應該喊停的。因為想法會反映在態度上，洩漏出內心的不滿。

該比較的應該是孩子本身幾個月前、幾週前的狀態。

「3個月前還不會扣鈕釦，現在已經會了呢！」

「2週前還嚷著不要不要，不肯從公園回家，最近變得很聽媽媽的話呢！」

比較孩子的進步並給予讚美是很值得鼓勵的做法，請積極地執行下去。這其實也是讓媽媽變得善於誇獎的方法。

【不以學業成績為中心】

隨著「YouTuber」高居兒童夢想職業排行榜前幾名，相信應該有許多家長覺得震撼並大感時代已經變了吧。大約30年前的排行榜順位，第一名為教保員（幼教老師）、第二名為職棒球員、第三名為國中小高中老師、第四名為上班族（摘自學研控股《小學生白皮書》）。

在那樣的時代，該如何培養學力、能不能考取好大學是至關重要的課題，因此教養孩子的重心便落在學業成績上。進入一流的學校就讀，就等於獲得幸福人生的保障，這在當時被奉為圭臬，令所有人深信不疑。

然而，這已經是30年前的事了。

年紀輕輕憑著一身本事白手起家的創投企業崛起，以及顛覆以往認知的次級房貸風暴，告訴世人就算進入大企業也不保證一輩子都能在這兒工作。隨著時代不斷變遷，有愈來愈多人開始察覺到「生存力」比「學力」更重要。

父母親期盼孩子能有好成績，真正的目的其實在於「孩子能透過自身的力量活下去」。因此取得高學歷進入好公司應該不是他們的終極目標。

自行思考、判斷、抉擇，並對自我選擇負起責任，活出不後悔的人生。要開創出屬於自己的路，必須具備無法透過考試測驗的「智慧」才能做到，其實家長們早已從自身的經驗了解到這一點。

教育本來就不是填鴨式地一味傳授知識或技術，而是引導出孩子原本就具備的優良素質。還請各位檢視看看自己的教育方針是否以學業成績為中心。

「我想當YouTuber。」

如果聽到孩子如此表示，便立刻浮現「不行不行」的念頭時，就必須提醒自己該注意。這或許是無意識的「把書讀好最重要」的制式觀念所引起的反射反應。

「當YouTuber為大家帶來歡樂的想法很不錯呢。」

「好好努力的話，一定能實現的喔。」

「你覺得該怎麼做，才能達到這個目標呢？」

認同、信任、一起思考。如果家長能做出這樣的應對方式是非常理想的。

【原本的狀態最好】

人類是很擅長發現短處的生物。

據說這是在演化過程中便具備的能力，也許應該稱之為本能。為了保護自己免受死亡威脅，我們人類不斷地發現與改善自身的弱點，世代傳承至今。因此責怪自己「老是找孩子缺點」的媽媽們，請告訴自己「這畢竟是人類本能也莫可奈何」，先自我寬恕一番。

接下來，不去看找到的缺點。

不思考該如何才能扭轉孩子的缺點，而是轉念想想：

「我家孩子這樣就很棒。」

「無論何時都是滿分100分。」

只將焦點放在長處上。

起初的確不容易做到，

「玩具沒收。」

「衣服脫了亂丟。」

「吃飯慢吞吞。」

就算有時忍不住這麼想，也不將這些情況當成缺點看。僅將思緒放在能否透過哪些方式來改善孩子的行為，以及如何讓自己保持平心靜氣不煩燥，而**不是對孩子貼上「什麼都做不好」的標籤**。

· 準備幾個可以放任何東西的籃子或箱子，讓收拾整理變得輕鬆簡單。
· 幫孩子決定更衣處，省去撿拾換下的睡衣褲的麻煩。
· 換個方式想，吃飯速度慢代表能從容悠閒地用餐，宛如優雅貴族一般。

讀者們不妨參考這些範例，試著做出改變看看？

當父母親對孩子的觀感與應對方式有所改變時，孩子的態度也會立即轉變，實在很神奇。

認同孩子本身的存在，原有的狀態就是100分。

將找缺點的行為封印起來，積極找出孩子的長處，並給予稱讚。

如此一來，父母親的嘮叨碎念會逐漸消失，孩子們的表情、舉止全都會顯得活潑開朗有朝氣。因為他們感受到父母的愛。

「你就是你，你是最好的。」

能每天跟這麼溫暖有愛的媽媽在一起，孩子的心靈也會充滿無與倫比的安心感與幸福感。

「我最喜歡媽媽了！」

相信孩子們也會自然而然地變健談。

一天讀一本繪本

職場媽媽平日分秒必爭，忙得不可開交，不過，我總是不斷宣導，只要為孩子做到一點就好。

那就是讀繪本給孩子聽。

就算只能讀一本也沒有關係，不用過於在意。希望各位父母能夠持續地每天都為自己的孩子讀一本繪本。

之所以會希望各位要刻意播出時間，至少讀一本繪本的最大理由在於，**讀繪本是能夠讓孩子感受到父愛、母愛的時光**。

父母親覺得自己對孩子付出很多關愛，可是孩子卻未感受到，這種親子之間的落差感是經常發生的。不過，能與家長共度繪本時光的孩子會清楚感受到「媽媽（爸爸）是愛我的」。

這是因為讀繪本是絕對無法隨便應付了事的活動。

一邊煮飯一邊聽孩子跟你說話，一邊滑手機一邊跟孩子對話，一邊摺衣服一邊跟孩子玩玩具。在忙碌的日常生活中，有很多時候總是很難避免會有「一心二用」陪伴孩子的狀況。

遇到這樣的狀況時，孩子就會愈發想要看著媽媽的臉龐說話，希望媽媽能夠多關注自己、多聽聽自己說話。而能夠協助我們輕易消除孩子這些不滿的，就是親子閱讀繪本的時光。

讀繪本無法「一心二用」地進行，因此孩子會確實感受到媽媽特地為了自己撥出這段時間。

以前在我們家每晚都會為3個孩子各讀3本繪本。聽起來似乎很多，其實大概只須15分鐘。從一天與孩子相處的時間比例來看，實在可說是少得可憐。

話雖然是這麼說，但當時每天的繪本閱讀時光，似乎已經成為我家孩子留存在心中與我這個父親的最深刻回憶。

1本繪本的讀唸時間約為3～5分鐘。

即便如此，孩子會從父母親特地為了自己撥出時間的這件事上感受到愛。

有些讀者或許認為，要在平日的作息中特地為孩子撥出時間是很困難的。

不過，只須幾分鐘的時間就能讓孩子感受到「我是被愛的」、「媽媽最喜歡我了」的話，不覺得應該就有辦法努力看看嗎？

讀繪本，每天5分鐘的累積就能鞏固愛的基礎，幸福就會在孩子與父母親之間不斷循環。

將幫忙家事當成「生活」的一部分

除了讀繪本之外，還有一項希望大家能在平日落實的活動，那就是讓孩子幫忙。

要讓小小孩幫忙家務，母親勢必得從旁協助，既費心又費事，工作量反而有增無減，倒不如自己做還比較輕鬆，很多媽媽會這麼想也是無可厚非的。

其實，這樣的想法很多時候是預設立場。

「請3歲的孩子丟垃圾，沒想到居然幫我倒完一大袋頗重的垃圾，真的很驚訝！」、「請5歲的兒子整理房間，想不到居然整理得比我還乾淨。」

像這樣，**以為孩子做不來只是試著要求看看，卻得到出乎意料的結果，或者是做得比父母親更好等等，都是很常見的。**

請不要將幫忙這件事當成「累積孩子的經驗與促進學習」的義務。而是想成「是為了讓自己的生活能輕鬆一點的投資時間」。

只要考慮到日後孩子會幫忙分擔家務的這項高報酬，就不會覺得必須跟前跟後進行指導很麻煩，必須多花時間收拾孩子失手搞砸的殘局時，也就不會覺得那麼煩躁。

爾後，孩子輕而易舉就能超越大人預設的框架，發揮意想不到的實力。假以時日說不定就會發現，他們的表現「比我這個做父母的還厲害」。因此無須小看自家孩子，就算覺得難度有點高的項目，也請積極開口讓孩子幫忙。

後續會介紹在學齡前階段培養孩子有關個數、分量、顏色、形狀、大小等「基礎概念」的學習法，不過其實這些項目都包含在各種家務的幫忙活動中。幫忙就是能自然學會生活基礎這項概念的最佳學習活動。

請逐步累積親子共同分擔日常家事的時間。**對孩子而言，幫忙並非勞動，而是與媽媽共度的快樂時光，是能感受到愛的時間。**

強烈建議感嘆擔憂沒有時間與孩子相處的母親，讓孩子幫忙做家事。透過這項活動能讓孩子確實體認到自己正與母親分工合作，而成為一段心靈不斷獲得滿足的特別時光。

而且能藉機誇獎一番，也是讓孩子幫忙的好處之一。

「〇〇真是幫了媽媽大忙呢！」

「衣服摺得很整齊呢！〇〇好棒。」

相信就連平時不擅長稱讚的媽媽，也能自然而然地說出這些話。

孩子被誇獎，就會愈發有幹勁，所以說幫忙真的是好處多多。還請將這項活動當成孩子生活的一部分。

接下來是實踐篇。平日基本上只要讀繪本即可，要是有餘裕的時候，可以試著請孩子幫忙，再搭配能利用週末2天進行的簡單親子遊戲。

覺得有難度、孩子不願意玩的時候，就不必勉強去做，請選擇有辦法進行的遊戲，或是乾脆休息不玩也沒關係。千萬不要因為沒有達到預定進度，就責備自己與孩子。

最重要的是，親子能玩得愉快。媽媽開心，孩子也就開心；孩子有笑容，媽媽也會有笑容。請將本書當作營造親子溫馨時光的工具。

Chapter

2

每個月都能
看見孩子的成長！
週末右腦開發遊戲

3個月大幅提升右腦能力！

從第2章起，將會介紹培育孩子各種才能的遊戲。

讓孩子在開始上學前，就能自然養成各種能力的遊戲，只須在週末進行，並以相當充裕的3個月時間為單位，即使是忙碌的媽媽們執行起來也不會覺得有負擔。

右腦開發遊戲的執行方式

・平日基本上只讀繪本即可。有餘裕的話可以試著請孩子幫忙做家事。

・每週都介紹2～5個在週六日進行的右腦開發遊戲。請從中選出2項進行。有些遊戲可能會讓孩子覺得有點難或不喜歡，不妨從孩子感興趣的項目著手。

・不過度努力是很重要的。每個月的第4週為休息日（並非強制規定，可自行調度安排）。

・3個月進行完一輪後，請繼續從第1個月的項目開始著手。只挑孩子喜歡的遊戲，或自訂原創的進度表也OK。

進度表只是一種參考指標，並不是一定要照表操課貫徹執行才行。**最重要的是，媽媽與孩子能同樂。**情緒欠佳的時候可以休息、孩子似乎不太喜歡的遊戲，則可以和其他週的項目對調。請以媽媽和孩子的感受為優先，自由地運用本書內容。

開發右腦，讓才能發芽的說法或許會讓有些家長覺得有壓力，深怕無法完成這樣的重任，不過請放心。

七田式60年來如一日所提倡的，就是人活在世上所不可或缺的能力。

「自行思考」

「聆聽他人所言」

「有效表達想法的語彙力」

等最根本的為人處事能力。

這些能力會透過親子間的愛的傳遞循環而茁壯起來，因此與媽媽、爸爸玩樂對孩子而言，是非常重要的過程。

當我們看見某人充分發揮自身的天分，活得精采有活力的時候，就會覺得對方是天才吧！透過右腦教育培養天才型的能力，就有可能讓孩子充分沉浸在喜愛的事物中，發揮自身的能力展現出耀眼動人的姿態。

這其實沒有什麼魔法祕技。**正因為身而為人的基礎都打穩了，每個孩子所具備的天分便能發芽冒出頭。**

請在親子同樂的同時，協助孩子的才能發芽。

第1個月

培養基礎概念

第1個月

培養基礎概念

●何謂基礎概念

雖然基礎概念一詞聽起來會讓人覺得很艱深，但要培養基礎概念，就得掌握與他人溝通時所不可或缺的「表達力」。

與「顏色」、「形狀」、「大小」、「個數」、「分量」、「空間認知」、「比較」、「順序」、「時間」、「金錢」有關的表達方式，我們稱之為10大基礎概念。

譬如，描述「顏色」為紅色、藍色，「形狀」為圓形、四角形，「分量」是多還是少等等。學習基礎概念，正等於學習關鍵形容詞。

告訴孩子們「每個盤子各放3顆紅色櫻桃」，或約定「要乖乖等到時鐘的指針來到5的地方喔」，若他們不具備顏色、個數、分量、時間的概念時，只會有聽沒有懂。因此，必須讓孩子實際體驗並理解字彙所指涉的概念。

掌握10大基礎概念之後，孩子便能理解父母親所說的話，漸漸聽懂接收到的指示內容，明白應該怎麼做。如此一來溝通就會變得順暢，對父母親與孩子雙方而言，相處起來會融洽到不可思議的程度。

隨著基礎概念扎根，孩子便能做到下述事項。

- **能確實完成大人交代或委託的事。**
- **能遵守約定。**

如此一來，教養孩子肯定會頓時變得很輕鬆。而且就學後的學習也會很順利，這點是已經透過許多兒童獲得證實的。

共讀繪本的重點❶

讓孩子對繪本產生興趣

透過機關書繪本或圖鑑，讓孩子熟悉繪本

讀繪本給孩子聽的第一步就是，營造讓孩子覺得「繪本真有趣」的時光。尤其是在3歲前的幼齡階段，無須在意孩子是否跟得上故事內容，只須觀察他們是否受圖畫吸引就好。

閱讀繪本可以陶冶性情、訓練語彙能力、獲得虛擬體驗，而這往往也是家長想追求的效果，不過談這些還言之過早。單純地讓孩子喜愛圖畫，覺得「跟媽媽一起看繪本好開心」是比什麼都重要的。機關書繪本是親子同樂的最佳工具，舉凡會發出聲響的、必須拉繩操作

POINT

- 欣賞圖畫，
  而非在意孩子是否跟上故事情節。
- 孩子只是覺得「繪本好像玩具」也OK。
- 也很推薦以擬聲詞為主題的繪本！

的、具有特殊觸感的應有盡有，不妨透過各類型的機關書賞玩一番。

0到6歲的兒童擁有旺盛的求知慾，親子共讀圖鑑的時候，便可以順便告訴孩子：「下次我們要去的水族館也有海豚喔！」讓他們能實際體驗從書本中得知的新知識。前往設施之前便透過相關圖鑑獲得知識，在實地造訪的時候，感觸就會更深刻。「媽媽，我知道這個！」、「這就是在圖鑑上看過的海豚耶」，知識與體驗合而為一的喜悅，會更加提升孩子的好奇心與求知慾。

幫忙家事的重點❶ 讓孩子明白每樣東西都該物歸原處

關於料理的部分，學校會有烹飪實習課，上小學之後每天都會有環境打掃時間，有時老師也會親自示範來教導學生。

在各項家事中，能在外面學到「收拾整理」的機會幾乎等於零。如果父母沒有教的話，在日後就會成為不懂得收拾整理的大人。

雖然很多女性會抱怨「我先生完全不會整理」，但說不定妳的先生並不是不會整理，而是他不知道該怎麼整理，或者是根本就從沒學過整理的方法。要讓孩子成為懂得收拾整理的大人，在這個時期從幫忙家

POINT

- 養成自己的玩具自己收的習慣。
- 規定孩子該收拾整理哪些地方。
- 只是丟進收納盒也OK！
  降低收拾整理的門檻。

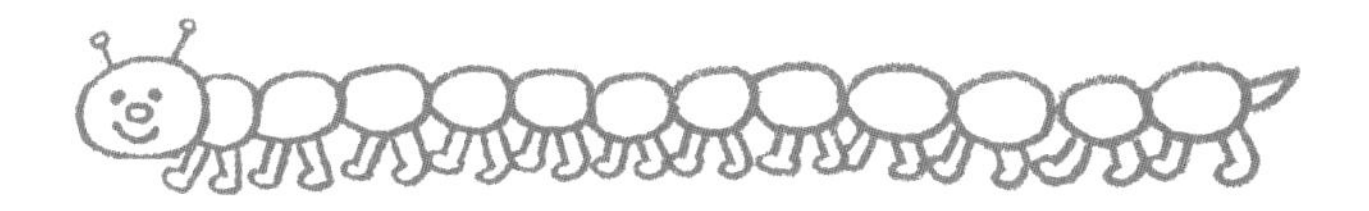

事中學習是最好的。

首先，請教導孩子每件物品都有各自該歸放的地方。「因為○○的家在這裡，所以你才會每天回到這個地方，而每個東西也都有各自應該歸放的地方喔。」同時還要告訴他們，使用完之後就必須要物歸原處。陪著孩子一起收拾，說明這個收到最上面的抽屜裡、這個放到箱子裡，這麼一來他們便會記住這些原則。接著再將收拾整理的範圍逐漸擴大到遊戲室、臥室等地方來進行指導。

假日
第❶週

1 形狀遊戲

❶在家裡、幼兒園下課途中、上超市購物時，隨機針對物品形狀提出問題，問問孩子「什麼東西是四角形的呢？」、「哪一個看起來圓圓的」。

❷懂得辨識圓形、三角形等基本形狀之後，請再找出更多的形狀，例如：橢圓形（蛋糕盤）、正三角形（三角飯糰）、等邊三角形（山、關東煮用的三角蒟蒻）、梯形（杯子）等。星形、彎月形、心形對孩子而言，是比較容易注意到的形狀。

POINT

- 平時便多找多看各種形狀。
- 閱讀以形狀為主題的繪本。
- 試著畫出所發現的形狀（只不過，要描繪所見形狀是相當有難度的，請勿勉強孩子配合）。

進階挑戰

教導立體形狀

除了平面形狀，也逐步針對立體形狀進行教導。比方說，玩具箱不是四角形是「立方體」，球不是圓形是「球體」，冰淇淋甜筒不是三角形是「圓錐體」等等。還可順便進行相同形狀找一找的遊戲，像是三角錐與冰淇淋甜筒形狀相同。重點不在於記住「梯形」、「圓錐」等詞彙，而是能理解它們代表何種形狀，並懂得區分同類別的形狀。

初步學習

用語言來描述形狀

帶領孩子一同認識日常生活中各式各樣的形狀。如果孩子還沒有具備形狀觀念的時候，可以從圓形、三角形、四角形等基本的形狀開始教起。例如：「砧板是四角形」、「熊熊玩偶的臉圓圓的」、「試著將飯糰捏成三角形」等等，試著透過具體的物品來加以教導。

2 大小遊戲

❶「香蕉、蘋果、草莓，哪一種水果最大呢？」、「汽車、飛機和腳踏車，最小的交通工具是哪一個？」，透過生活周遭當中的各種物品來進行比較，教導孩子物體大小的概念。

❷如果已經能夠分辨2種物品哪個大、哪個小？接著再以3種物品來做比較，教導孩子「中等」的概念。首先，準備3種物品，依序詢問「哪一個最大（最小）？」，最後再告訴孩子其中一項屬於中等大小。

POINT

- 「中等」其實是不太容易理解的概念，孩子會搞不懂也是很正常的。
- 也可以使用比較容易區分體積大小的益智玩具來進行。

初步學習

先從差距大的 2種物品開始比較

請以大象和螞蟻這類大小差異明顯的事物來做舉例。列舉實際存在的事物來進行具體的比較。等孩子熟悉了之後，再轉換到香蕉和蘋果等大小差異不明顯的事物上來進行比較。

進階挑戰

學習各種形容說法

身材高大＝高、嬌小＝矮，教導孩子大小比較之外的不同說法。「爸爸跟你，誰比較高呢？」、「媽媽的購物袋跟你的背包，哪一個比較重？」、「兒童用的筷子跟大人用的筷子，哪一個比較短？」等等，利用生活周遭當中的事物來做比較，逐步教導孩子「長＆短、高＆矮、重＆輕」等概念。

3 數數遊戲

❶排列出10個孩子喜歡的玩偶或玩具。「你看，有好多〇〇喜歡的迷你車耶！我們一起來數數看有幾台。」、「1、2、3……」邊指邊說出數字進行數數。

❷「我想搭第7台車耶！可以把它開到我這裡來嗎？」試著對孩子指定數字。

❸等到已經學會數「1、2、3……」之後，再開始教孩子「1個、2個、3個……」的數法。

POINT

- 教孩子學會數1～10。
- 上下樓梯、泡澡的時候也可以順便教數數。

初步學習

利用紅點卡
感受數量多寡

要讓孩子對個數產生興趣，不妨使用紅點卡來玩遊戲。紅點卡是一種隨機繪有紅點的圖卡。從1唸到20，但不數卡片上的紅點數，只是一張接著一張地翻閱給孩子看。在重複幾次以後，孩子一眼就能看出卡片上的紅點數量。

進階挑戰

學習量詞

「這裡有5棵會長橡實的橡樹」、「他們家養了2條狗」像這樣，數數的時候請積極地使用量詞。即便孩子說錯「有1匹鳥」，也不必過於認真地加以糾正，只要回應正確說法「啊，真的耶！那裡有1隻鳥。」輕描淡寫地帶過就可以。孩子們就會自行察覺「咦，原來我似乎說錯了呢」。

4 分量遊戲

❶ 準備清水，利用顏料或花草來加以染色，孩子會玩得很開心。接著準備2個杯子，「我們來倒果汁」並讓孩子觀看過程。其中1杯的量則稍微多一點，並詢問孩子「兩邊是不是都裝了半杯」。

❷ 「這杯比較多」、「這杯好像比較少一點」，等孩子發現差異之後，再將多出來的部分倒入量少的那杯，呈現出等量的狀態。

POINT

- 使用果汁或茶都OK，
  只要能看出分量的變化就可以。
- 多多找出日常生活中有關量的概念。
- 熟悉之後，也可以積極灌輸孩子1/2、
  1/3等分數說法！

初步學習

使用形狀相同的杯子會更容易比較

讓孩子更容易分辨「多」或「少」等分量概念的重點在於，使用同一種形狀、大小相同的杯子。使用形狀或大小不同的杯子時，比較難掌握究竟有多少量。透明的杯子會更加清楚好懂，非常推薦！就像做實驗那樣，請為孩子備妥各式工具。

進階挑戰

將抽象概念融入日常生活中

請不要擅自認定孩子無法理解1/2、1/3等分數概念，請積極地將這些觀念帶入對話中。切生日蛋糕或分裝餅乾的時候，就可進行機會教育。但是，分數的定義則可略過不提，現階段只須灌輸說法即可。將分數視為分量學習的一環，讓孩子聽慣這樣的說法便已足夠。

1 顏色遊戲

❶讓孩子觀看彩虹，透過繪本、教材或照片都可以。請準備能清楚分辨「紅、橙、黃、綠、藍、靛、紫」7種顏色的圖片，並詢問「有哪些顏色呢？」，讓孩子能將顏色與名稱進行整合。

❷外出的時候，幫助孩子認識生活周遭中的各種色彩。「粉紅與白色大波斯菊真可愛」、「今天的天空好藍喔」等等，積極地向孩子描述各種日常景象的顏色。

POINT

- 也很推薦使用彩色鉛筆等工具來記住各種顏色。
- 將色彩帶入平時的對話中。

進階挑戰

觀看名畫，培養美感

使用圖鑑或名畫圖卡等，讓孩子觀看非單一顏色的圖畫。孩子平時所接觸到的兒童插圖或卡通，多半都是濃豔的原色，接觸濁色或明暗度不同的複雜色系時，就是培養色彩美學的絕佳機會。要是沒辦法前往美術館的時候，請利用書本等方式與孩子一同觀賞名畫。

初步學習

讓孩子意識到日常中的各種顏色

從認識三原色（紅、藍、黃）開始做起。「○○喜歡的草莓是紅色的喔」、「你穿藍色很好看耶」、「有什麼水果是黃色的呢？」，利用生活中常見的三原色，幫助孩子整合色彩與字彙。列舉各種顏色相同性質不同的事物也很有趣。

2 玩積木

❶首先讓孩子盡情地堆積木。接著提議「我們把積木打散」，讓孩子動手瓦解積木。打散積木的時候，可以配上「喀啦喀啦～」之類的音效，增添趣味，提高孩子對積木的興趣。重複進行幾次「堆好後打散」的玩法。

❷先從2塊積木開始疊起，接著3塊、4塊、5塊……慢慢堆疊。「疊上去了！」、「又多疊了一個呢！」，每多疊1塊就跟孩子一起開心一下，逐步累積小小的「成功經驗」。

POINT

- 請使用原色積木。
- 先從2塊開始堆起，從少一點的數量循序漸進。

初步學習

讓孩子學會用手抓積木

0～3歲的階段，請在孩子能抓住2塊積木之後，才開始進行此遊戲。能順利抓取積木堆疊後，再進入下一個步驟。

進階挑戰

照著範本做做看

讓孩子仔細觀看範本，照著堆出同樣的形狀。能順利做到後，再試著縮短參考範本的時間，告訴孩子「請在我數到20的這段時間內記下形狀喔」，他們就會全神貫注地凝視以留下印象，腦袋便會開始進行資訊處理。剛開始很難堆出與範本相同的形狀，但反覆玩過幾遍後就能逐漸做到。

3

比較遊戲

❶準備5條長短不一的繩子。先將最長的那條拿起來，剩餘的4條則分成2對，讓孩子分別比較「哪一條比較長」，接著再將孩子所挑出的2條繩子進行比較，找出在這4條繩子中最長的一條。

❷將贏得預賽的繩子拿來與一開始便保留起來的最長繩子進行比較，告訴孩子這是5條繩子中最長的一條。

POINT

- 基本上以2項物品做比較。3項以上的比較，則從學會2項的比較後才著手。
- 試著進行各種比較，例如：味道濃淡、風力強弱、天氣冷熱等等。

初步學習

大小遊戲、數數（分量）遊戲為基礎入門

大小遊戲、數數（分量）遊戲，其實也是一種比較遊戲。懂得大小與數數（分量）時，自然就懂得比較大小、個數（分量）。首先請透過「大小遊戲」、「數數（分量）遊戲」讓孩子熟悉比較的概念。

進階挑戰

練習表達主觀比較

「這邊的花比較漂亮」、「比昨天熱」、「比平常好吃」等等，多運用形容詞進行描述，讓孩子能大量學會有關漂亮、熱、好吃等主觀方面的比較。也可以一併教導反義詞，像是昨天與今天、1週前、春天與秋天、1年前……逐漸擴大比較單位與範圍，培養孩子掌握整體架構的能力。

4 順序遊戲

❶將孩子喜愛的10個玩偶或玩具，排列成2×5的長方形。「企鵝是在上層還是下層呢?」，如果孩子答得出來，再接著問「那它從左邊數過來是第幾個?」，最後再複述一遍，進行確認「沒錯!企鵝排在上層從左邊數過來的第3個」。

❷已經熟悉從左開始的順序之後，接著再從右發問，要是孩子看來一臉困惑的話，不用勉強進行，重回「數數遊戲」就可以。

第1個月

POINT

- 陪伴在孩子身邊，透過話語提示，幫助他們思考。
- 一邊指著物體，一邊數「第1個、第2個」。
- 以玩偶或玩具等立體物品進行遊戲。

初步學習

懂得「第○個」的概念

要是前後、左右的數數對孩子來說有難度的話，就只從左右開始教起。從第1個到第10個，陪著孩子邊指邊數。等已經能自行數數之後，再詢問「第4個是什麼？」，請孩子回答玩偶的名稱。

進階挑戰

認識座標

如果已經懂得分辨上下兩層的位置，就代表孩子已經建立順序的觀念。下一個步驟就是理解平面概念，讓孩子能透過座標進行思考。將12張撲克牌以3 × 4的方式排列，詢問「哪一張牌從上面數來是第3張、從右邊數來是第2張呢？」。或是畫出3 × 3的方格，請孩子在每塊方格中作畫之後，再進行這項遊戲，會更加有樂趣。

1 時鐘遊戲

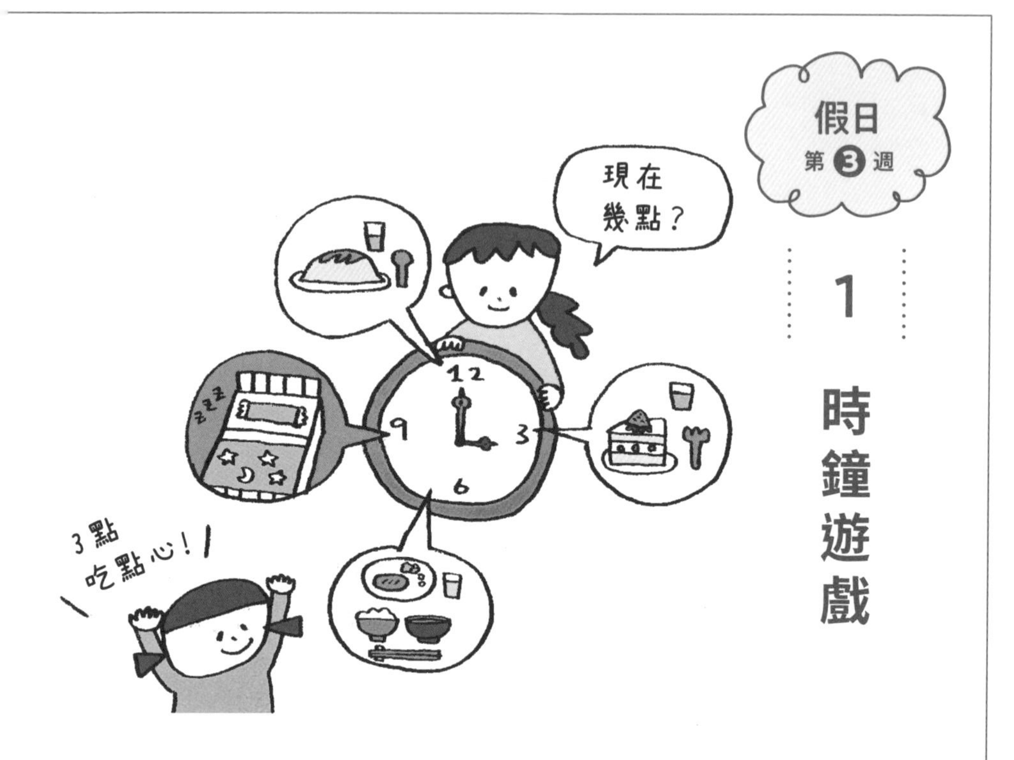

❶準備有指針的類比式時鐘。將時間調到1點、2點、3點……等方便辨識的整點時間。使用玩具時鐘也OK。每當整點的時候，就固定詢問孩子「現在幾點？」。

❷已經能夠看懂整點時間之後，再教孩子「○點半」的概念。「7點半的時候，要在玄關穿鞋喔」、「8點半要刷牙喔」等等，孩子就可以漸漸學會遵守生活中的各項規定。

第1個月

POINT

- 準備有指針的類比式時鐘。
- 從各種作息時間開始學起。
- 也很推薦閱讀以時間為主題的繪本。

初步學習

學會看
4個時間

首先應該教孩子認識12點、3點、6點、9點這4個時間。搭配一天的作息進行教導時會更容易理解。「12點吃午餐、3點吃點心、6點吃晚餐、9點就是進入被窩的時間」，認識時間也等於建立生活作息。將時間概念與日常活動連結在一起，對孩子而言會更容易吸收。

進階挑戰

明白鐘面1大格
代表5分鐘

已經會看幾點半之後，再教導孩子學會看5分鐘刻度的時鐘。當孩子學會之後，就能遵守「現在是6點，電視可以看到6點20分」之類以10分鐘為單位的規定。學會看時間，除了可以調整生活習慣外，也為孩子打下能夠遵守規定的基礎。

2 1分鐘遊戲

1．2．3．4．5
6．7．8．9．．．

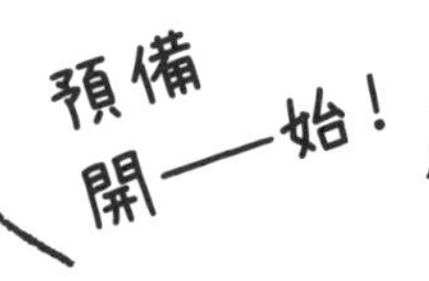

❶準備有秒針的類比式時鐘。「當秒針走到12的時候，開始計時喔！在你覺得已經過了1分鐘的時候，舉手告訴我。」、「預備，開──始！」不讓孩子看時鐘，並記錄他們舉起手的時間。

❷請利用碼表或手機內建的時鐘功能加以計時。這些工具能讓孩子自行按下操作鍵，會覺得遊戲玩起來更有趣。

POINT

- 準備有秒針的類比式時鐘或碼表。
- 超出1分鐘就算失敗！
  制定相關規則來進行遊戲。

進階挑戰

學會透過體感估算3分鐘

請使用水鐘或沙漏進行。已經能透過體感估算1分鐘後，就可以再將時間拉長。能以體感估算時間後，就能具體掌握較長的時間感，明白10分鐘、30分鐘大概是多久，進而培養出「等待力」。聽到「等我10分鐘」時，了解10分鐘並非多漫長時間的孩子就能配合等待。

初步學習

進行10秒預估遊戲

若1分鐘對孩子來說顯得有點長的話，就從10秒鐘開始玩起。培養起10秒鐘的時間感之後，再逐漸拉長到20秒、30秒。

3 購物遊戲

❶ 準備玩具的錢幣，擺設玩具或繪本當作商品。決定誰來扮演店家與顧客的角色之後，開始進行購物遊戲。

❷ 「200元的商品要拿4個50元硬幣來付喔」、「120元的話就是2個50元的硬幣，再加上2個10元的硬幣喔」，就算孩子聽不懂也要加以說明。有時小朋友店長很無厘頭，找的錢會比客人付的錢還多，更添趣味與歡樂。

POINT

- 培養孩子「昂貴」、「便宜」的金錢觀。
- 培養孩子不隨便花錢買想要的東西的忍耐力。

初步學習

理解 貨幣價值

根據幣值大小，依序從1元排到50元。「1元硬幣是咖啡色」、「5元硬幣和10元硬幣都是銀色」、「50元硬幣是金色」，和孩子一起確認貨幣的特徵，並教導用哪些硬幣可以買到他們熟悉的商品。「用1個10元硬幣就可以買到這個餅乾」、「100元的話就可以買10個」，以孩子喜歡的東西來舉例說明，就能促進他們對價值的理解。

進階挑戰

理解 紙鈔的價值

6歲之前，孩子會接觸到紙鈔的機會，大概只有過年領紅包而已。由於不熟悉，也就難以理解實際價值，因此教導他們紙鈔代表大金額是非常重要的。近年來因無現金化的發展，實際看到現金的機會也隨之減少，不過帶孩子購物時，則可以藉機說明金額，「要買一整籃的食物，大概要花1千元喔」機會教育一下。

第1個月

成長確認表

在孩子學會的事項上打勾進行確認！
也請將首次成功日當成紀念日記錄下來。

✓	學會的事項	成功日
□	能夠辨識出圓形、三角形、四角形	／
□	了解物品大和小的差別	／
□	學會1到10的每個數字	／
□	明白水量之間的差異	／
□	能說出彩虹的所有顏色	／
□	可以堆疊5塊積木	／
□	了解2條繩子哪一條比較長	／
□	明白從上到下、從左到右的順序	／
□	看得懂12點、3點、6點、9點	／
□	能大致掌握1分鐘的時間感	／
□	懂得玩購物遊戲	／

第2個月

培養自行思考的能力

第2個月

培養自行思考的能力

在這個所有事物都不斷地快速變化，就連明天的事情也難以預測的時代裡，無論面臨到什麼課題，**都必須具備有找出當前問題本質的「思考力」，以及導出解決對策的「行動力」**。

解決他人所交代的問題是屬於被動的思考力。而所謂真正的「思考力」指的是，「能夠看清問題的本質，主動去發掘課題的能力」。相信所有的父母一定都想要讓自己的孩子培養出真正的「思考力」吧！從第2個月開始，將針對如何讓孩子具備思考力的基礎——**「記憶力」**、**「想像力」**、**「推理力」**來進行訓練。

●記憶力

在右腦占優勢的6歲前這個階段，能讓孩子培養出「無意識的記憶力」。

就算本人沒有刻意去背記，卻能在無意識的狀態下記憶下來，這就是右腦記憶。透過無意識記憶儲存下來的資訊，是不會被忘記的，而且右腦記憶的特徵就是，能在有需要的時候拿出來運用。

人類沒有辦法從全「無」的狀態來進行思考。雖然資訊量或知識量並不能代表一切，但如果大腦裡能儲存有大量的知識，讓「能視當下的情況正確選取需要部分的右腦力」可以拓展思考幅度的話，那麼在進行創意發想的時候，應該就能為當事人帶來許多的靈感。

培養記憶力的另一項**好處就是，在兒童時期能獲得更多自由時間**。如果可以2次就記住一般需要花10次才能記住的東西，這麼一來就能自由地運用多出來的8次時間。尤其是在上小學之後學習時間會逐漸變長，記憶力的優劣將大幅左右自由時間的長短。

希望孩子能盡情玩耍度過快樂的每一天，相信這也是為人父母者的心願之一吧！要是想為孩子確保玩樂的時間，那麼請務必讓孩子鍛鍊右腦，為他們培養出良好的記憶力。

●想像力

羽生結弦選手在飛往海外比賽的航程中，會戴著耳機聽音樂模擬比賽實況，據說在空服員當中是相當有名的軼事。

徹底模擬完美的表演技巧、想像奪冠的自己，接著正式上場挑戰，並達成預期的成果。這無疑是驗證想像力效用的最佳範本。

想像為什麼能夠促進實際行動的實現，也已經透過腦科學做出解釋。

因為和快樂和幸福感息息相關的腦部多巴胺神經具有非常容易上當的特性，所以當我們具體地反覆想像獲得冠軍等欣喜的場面時，它們就會搞不清這究竟是想像中的事情，或是現實中實際發生的事。

透過想像逼真的成功體驗，大腦就會自然而然地朝著自身所希冀的方向運作。

日本自古以來就會固定舉辦祈願豐收的祭典或儀式，這樣的活動被稱為「預祝」，也就是在希冀之事實際發生之前便加以慶祝，來讓該願望得以成真的一種概念。

其實我們在無意識的狀況下，早就知曉想像力的重要性。

在兒童時期養成想像力，便能產生「具體聯想成功景象→朝著該景象付諸行動→透過自身的實力迎向想要的未來」這樣的良性循環。

這個時候最重要的就是**不要否定孩子的想像**。

無論想像內容為何，都表示「真有趣！」、「完全不受限，棒極了！」給予孩子認同。

●推理力

「接下來會變怎樣？」、「這是代表什麼呢？」

玩迷宮、猜謎遊戲能夠訓練孩子的推理能力。這就好比拼圖的時候，必須瀏覽全景找到正確的拼湊位置那樣，自然就會逐漸培養出隨時綜觀全局的洞察力。

一旦能夠隨時掌握整體面向，就能預先想像通往終極目標的各種過程，並能從中選出自身認為最完善的方案。

相信這樣的能力可以讓孩子在成長過程中，遇到各種狀況的時候帶來助益。當面臨到困難的時候，也會懂得推敲出解決之道，自行導出答案。

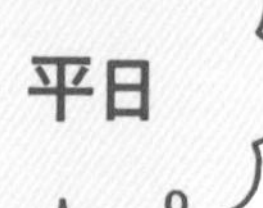

共讀繪本的重點❷

訓練孩子專注聆聽故事

找出孩子喜歡的系列作品，閱讀故事內容

當孩子已經習慣閱讀繪本，並且感到「有趣」之後，接下來就可挑戰有故事內容的故事繪本。孩子在3～5歲的階段，已經漸漸可以理解故事的內容，因此可以先從短篇故事開始著手，讓孩子熟悉故事繪本，以便6歲左右的時候，能順利進階到兒童讀物。

但是請注意，千萬不要因為求好心切，就決定「好，那我每天都要為孩子讀不一樣的故事」。孩子在6歲之前要理解節奏緊湊的故事，或是掌握大量的登場人物是相當困難的。請依據年齡挑選情節單

POINT

- **無論是喜劇故事或經典名著，都可以多方嘗試，找出孩子喜歡的類型！**
- **也很推薦上圖書館。**
- **購買孩子喜歡的繪本，讓孩子可以隨時翻閱。**

純好懂、人物數量適中的繪本。

這裡所要推薦的則是系列繪本。像是〇〇的冒險、〇〇上街買東西等等，每一集的主角或登場人物都是固定的，能讓孩子感到熟悉安心。當孩子聽過一次覺得有趣之後，就會積極地要求爸媽「唸給我聽，唸給我聽」，請觀察孩子的反應，找出他們喜愛的系列作品。

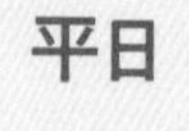

幫忙家事的重點❷

請孩子扮演媽媽的小幫手

從把蛋打到碗裡
開始做起！
一步一步慢慢累積
「成功經驗」

做菜對孩子來說就像是在玩遊戲一樣，不會覺得是在幫忙，反而玩得很開心。在這個還無法真正幫上什麼忙的階段，光想到繁瑣的過程與善後，或許會讓有些媽媽感到意興闌珊。

如果能在6歲之前讓孩子覺得做菜很有趣的話，在不久的將來，他們就會成為超強戰力，助媽媽一臂之力。因此，在這個階段就當作是在播種，一步一步慢慢地教導孩子菜刀的拿法、點火的方法、洗米的方法。「切得很好呢」、「真是幫了媽媽大忙」、「因為有

第2個月

POINT

- **讓孩子多方嘗試，做的到的部分就交給他們幫忙。**
- **當作播種栽培幼苗，有耐心地予以指導。**
- **孩子的身高還不夠高，
請準備椅子或踏台等輔助工具。**

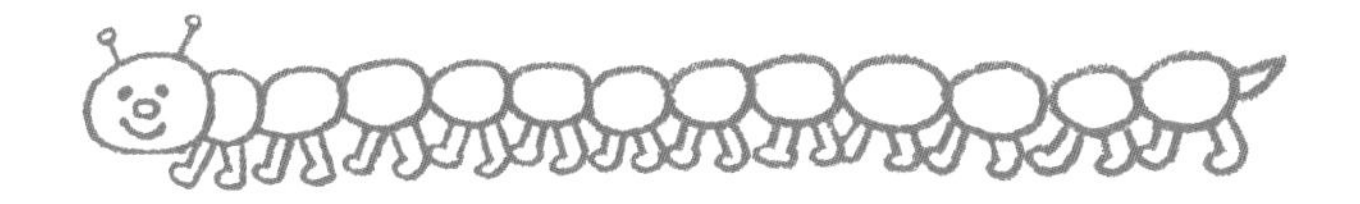

〇〇幫忙，才會這麼好吃」，請別忘了要多加給予稱讚。不妨請孩子做一些簡單的幫忙，譬如：剝蝦殼、四季豆去絲、剝蠶豆殼等等，藉此累積「成功經驗」。而且請在爺爺、奶奶面前分享孩子會幫忙哪些部分、挑戰了哪些料理。孩子聽到之後會覺得「媽媽是在誇獎我」，而加倍感到開心，並為自己感到驕傲。

假日 第❶週

1 閃卡

❶準備各國國旗、名畫、歷史人物等圖卡。「現在我們要開始看各國的國旗，它們究竟有什麼顏色和圖案呢？」，在進行之前先這樣告知孩子圖卡類別，然後每張以不超過1秒的速度快速翻過。雖然圖卡也可以自己動手製作，不過直接購買市售的教具會比較方便。

POINT

- 一次所翻閱的圖卡張數最多50張。
- 在開始進行之前告知圖卡類別，讓孩子心裡有個底。
- 在當中混入1張孩子喜歡的人物角色，引發其好奇心！

進階挑戰

透過動詞、形容詞卡提升語彙能力

已經記住國旗或專有名詞後，就可以挑戰動詞與形容詞，一口氣增進孩子的語彙能力。我總是建議家長們，將各年齡的「語彙學習目標」設定為標準的4倍。以5歲來說的話，就是1萬2000字。「怎麼可能學這麼多」不過是大人先入為主的觀念罷了，千萬別小看孩子的能力。年紀愈小，愈是增加語彙量的黃金期。

初步學習

先從簡單的名詞卡開始練習

動物、植物、昆蟲、身體、蔬菜、甜點……使用種類豐富的大量名詞卡，讓孩子習慣閃卡的速度。閃卡的目的不在於灌輸知識，而是開發右腦潛能。左腦屬於低速記憶，面對每張翻閱速度皆低於1秒的快速閃卡，是來不及做出反應的，此時屬於高速記憶的右腦，就會自告奮勇地跳出來接招。

2 撲克牌

❶ 非常推薦經典中的經典「神經衰弱」遊戲。將所有撲克牌牌面蓋住之後，隨意地鋪開攤平，任選其中的2張之後翻牌。如果2張是同一個數字，則可再翻一次。當2張數字不同的時候則放回原處，換下一位翻牌。和孩子一較高下，看誰能記住紙牌的位置與數字。

❷ 熟悉神經衰弱遊戲之後，則可嘗試排七、抽鬼牌等各種玩法。

POINT

- 告訴孩子撲克牌特有的稱呼，
  A為「Ace」、J為「Jack」等等。
- 記住紅色的花色為♡與◇，黑色的花色為♧與♤。
- 這項遊戲會讓人意識到數字，
  愈玩對數字的概念就愈強！

初步學習

從1/2神經衰弱開始玩起

如果覺得52張牌全上陣的神經衰弱玩起來有難度時，就可以只挑紅心與黑桃等一半的牌卡，進行1/2神經衰弱。規則會更好懂，要記的量也比較少，相對容易累積「成功經驗」。要跟孩子站在同一個起跑點上玩遊戲，其實出乎意料的難。能讓父母親也認真投入的撲克牌遊戲，是非常適合用來育兒的活動。

進階挑戰

能獨自進行各種益智遊戲

學會「接龍」、「金字塔」、「成雙對」等各種單人撲克牌遊戲規則。透過網路搜尋時也會出現相關影片，不妨確認一下。單人撲克牌遊戲能讓孩子自然地培養出判斷力、專注力及數字反應力。

假日

第1週

3

背誦

❶準備論語，首先由媽媽、爸爸帶頭唸出「溫故而知新」等字句。也可以使用CD等有聲教材。反覆讓孩子聆聽這些內容，當孩子已經能跟著唸幾句之後，再試著請他們背誦看看。要是孩子能朗朗上口地說出「學而時習之」、「有朋自遠方來」等句子，則請大大地給予稱讚。

POINT

- 不必理解意思也OK。
- 講得坑坑巴巴時則再來一次，直到能流暢說完整句。
- 別心急地向孩子要求「你說說看」，不勉強他們展現所學成果。

初步學習

使用三字經來學習

三字經的音韻就像音樂那樣，對於聽覺功能絕佳的兒童而言，是非常容易入耳的。年紀愈小聽覺記憶愈敏銳。「人之初，性本善，性相近，習相遠」這句話，若從小小孩口中說出，相信家長們一定會被這種反差逗得樂不可支。

進階挑戰

挑戰背誦2分鐘的文章內容

讓孩子記住《小兔彼得的故事》、《好髒的哈利》、《大象艾瑪》等經典童書的開頭部分。不會「嗯——然後……」地邊說邊回想，而能一句接一句地說出口的階段稱為「完全記憶」。請在右腦占優勢的這個時期，鍛鍊孩子的完全記憶。背誦千百年來對世人帶來許多啟發的經典故事，能成為孩子終生難忘的記憶。

1 比手畫腳遊戲

❶「猜猜這在吃什麼?」、「這是什麼運動呢?」，請孩子猜出爸爸媽媽所比的姿勢代表什麼。提問時請提示「食物」、「運動」等關鍵詞。也可以翻開圖鑑，考考孩子「猜猜我在模仿什麼呢?」。

❷等孩子熟悉之後，就不再給提示，只問「猜猜這是在做什麼?」便開始比手畫腳。

POINT

- 不發出擬聲語、擬態語等提示。
- 可做出「動物」、「交通工具」等大類別的提示。

進階挑戰

讓孩子自行出題比手畫腳

已經看得懂父母親所比劃的動作後，接著就輪到孩子上場。請給他們盡情展演自身想法的機會。比手畫腳遊戲必須在沉默的情況下，利用肢體語言表現，因此能提高孩子對生活事物的意識。比方說重新對草木的動態或構造產生關注、仔細注意早已習以為常的自身動作，進而培養出觀察力。

初步學習

與孩子一同培養即興發揮能力

「海豚是怎麼活動身體的呢?」、「該怎麼吃飯呢?」、「車子是怎麼開的呢?」，與孩子一起思考動物、食物、交通工具、景物等表達方式，便能發現各種獨具巧思的創意。

2 扮家家酒

❶假裝正在做菜的場景，決定好「廚師與客人」、「媽媽與孩子」的角色之後開始遊戲！沒有扮家家酒的全套玩具也沒關係，「蛋包飯的蛋包就用手帕來代替」、「生菜沙拉就用綠色積木塊」等等，運用其他物品，拓展孩子的想像世界。

❷穿上圍裙手洗乾淨，開動的時候表情豐富地表示「好燙喔」，透過大人生動的表現，來激發孩子的想像力。

POINT

- 平日也積極請孩子幫忙家事。
- 做出好燙、好冰的反應，激發孩子的想像力。

進階挑戰

調味的順序為何？力求真材實料的演出！

　　決定菜色內容、外出選購必要的食材，為孩子打造更貼近真實的情境。使用調理碗與鍋鏟等實際烹調器具，以「糖、鹽、醋、醬油、味噌」的順序來調味、決定食材入鍋的順序等等，講究各種細節的呈現。如果孩子能自然而然地記住盛飯、舀味噌湯等說法，就太值得喝采了呢。

初步學習

以肢體動作和表情來發揮

　　不使用玩具，請大量使用擬聲、擬態語來表達，像是「正咚咚咚地切紅蘿蔔喔」、「正滋滋地烤著肉」、「咕嚕咕嚕，好吃的咖哩完成囉」。

3 摺紙

❶ 請試著摺看看紙飛機或小帆船等等，完成之後可以直接拿來玩的東西。爸爸媽媽可以先行摺過一次，讓紙張先有摺線孩子使用起來會比較容易製作。目的不在於讓孩子「能自行摺紙」，而是「完成後的喜悅」。因此請多多幫忙，給予指導。

❷ 摺狐狸、貓等造型簡單的動物後貼在畫紙上，並在其四周畫上圖畫等等，以摺紙作品為中心來發揮創意也很不錯。

POINT

- 如果有專為幼兒設計的摺紙教學本會更方便。
- 利用亮晶晶、正反可用的各種紙張來進行。
- 孩子沒辦法確實對準邊角也沒關係。

初步學習

了解基本摺

首先請教孩子摺紙的基本動作，像是對摺、四摺等等。對幼兒來說，要對準邊角摺紙還很困難。如果只是一味示範動作，有時會讓他們感到「做不來」而失去興趣。爸媽們可以先摺過，讓他們從這些已有摺線的紙張開始練習，促使產生「成功做到」的感覺。

進階挑戰

挑戰高難度摺紙

挑戰青蛙或鶴等造型複雜的作品。請爸爸媽媽一邊拆解步驟示範給孩子看，一邊帶著他們摺下去。以孩子認識的動物為題材，樂趣會更加倍喔。

4

翻花繩

❶準備長150cm左右的繩子。

挑戰基本的翻花繩招式，例如：「掃帚」、「河川」、「吊橋」等形狀。爸爸媽媽先行示範，再帶領孩子進行每一個步驟。這項遊戲須事先進行預習。爸爸媽媽們也請找回童心，練習一下翻花繩技巧喔。

POINT

- 根據孩子的手掌大小搭配適宜的繩子長度。
- 成功後則拍照留念，為孩子留下紀錄。
- 學會玩雙人翻花繩，親子同樂。

初步學習

認識基本的手指動作

要聽懂翻花繩的步驟說明，首先必須讓孩子記住手指名稱與基本的操作手勢。大姆指、食指、中指、無名指、小指，還有手背、手心與手腕。記住手指的各項動作，學會「基本的操作手勢」之後，就算完成遊戲前的準備。

進階挑戰

挑戰複雜的高難度翻花繩

試著挑戰10層階梯、蜻蜓、蜘蛛網等高難度的翻花繩遊戲。父母親有辦法教導孩子怎麼玩是最好的，不過太複雜的招式有時就連大人都覺得困難。近年來有許多翻花繩的示範講解影片，即使是還不識字的兒童，也能藉由影片自行開拓新技巧。活動手指的翻花繩遊戲能讓腦袋全力運轉，提升專注力。

5 殘像遊戲

❶「閉上眼睛做3次吸氣與吐氣的動作」，請孩子深呼吸3次，以便靜下心來。

❷請孩子睜開眼睛，使其觀看橘底圖卡上所畫的藍色圓。說明「仔細看著藍色圓形喔」，告訴孩子必須不眨眼地注視圖片30秒。

❸請孩子再度閉上眼睛，詢問「你看見什麼呢？」，剛開始會看見補色的橘色圓，習慣了之後就能看見藍色圓。

POINT

- 深呼吸時，請家長帶領孩子一起進行。
- 反覆進行此遊戲，
  直到能看見藍色圓為止。
- 聽到孩子回答「什麼都沒看到」時，
  也無須感到失望。

初步學習

習慣看見補色的現象

剛開始應該會看見補色，也就是橘色的殘像，而非藍色圓吧。遲遲無法看見藍色這個原色的情況其實很常有，因此無須感到焦慮。首先請讓孩子掌握殘像停留在眼裡的感覺。量測橘色殘像會停留多久時間，與孩子一同為殘像停留時間逐漸拉長的現象感到開心。

進階挑戰

藍鳥飛翔?! 讓殘像自由自在地變換形狀

看見殘像的時間變長後，則將殘留眼底的藍色圓，隨心塑造成自己喜歡的顏色與形狀。這時請問問孩子：「藍色圓會逐漸變形喔，它看起來像什麼呢？」在殘像停留的這段時間裡，腦波會處於 α 波這種非常放鬆的狀態。在這種輕鬆無負擔的狀態下注視著某一事物時，便能發揮高度的專注力。

1 拼圖

❶準備10～15片左右的拼圖。禁止教導孩子「從四個角落開始拼」等大人的做法，讓孩子以自身的思考來進行，從中間開始拼起也沒關係。

❷基本上禁止開口干涉。不過如果孩子停下動作看來不知所措的時候，就可以幫忙選出包含正確答案在內的2～3塊拼圖片，給予提示：「從這3片中挑1片拼拼看」。

POINT

- **請從片數少的款式開始玩起。**
- **選用孩子喜愛的人物造型拼圖，會讓他們更加躍躍欲試。**
- **一起為孩子的「拼對了！」感到高興，藉此提升成就感。**

初步學習

從2片的款式開始玩起

首先從2片拼圖開始進行。為兒童設計的拼圖也不乏片數少的款式，還請多加活用。或者是父母親先拼好只留下最後1片，讓孩子從1片開始進行也可以。如果孩子還不太會抓取拼圖片或調整方向時，也推薦使用有握把的款式。

進階挑戰

挑戰30～45片拼圖

熟悉拼圖之後，就可以挑戰30片以上的款式。父母親不給提示，一直到最後都由孩子獨力完成。懂得玩拼圖後，孩子也會懂得善用獨處時光。

❶使用市售的迷宮圖或教材進行。詢問「入口跟出口在哪呢？」，先請孩子找到入口和出口。

❷「我們來找找該走哪一條路才能從出口來到入口」，從反方向找出正確路徑。告訴孩子用手指取代鉛筆或原子筆，不斷重來也沒關係。

❸離入口、出口10cm處的地方各用筆做出標記，讓孩子只須找出中段部分完成遊戲，也是很推薦的做法。

POINT

- 搭配年齡選擇適宜的圖檔或教材會更方便。
- 不光只動腦想，一併活動手指找出正確路徑。
- 以鉛筆畫線的時候，
  教孩子將線畫在路徑中間。

初步學習

以手指畫線

不是一開始就讓孩子拿鉛筆或原子筆畫線，而是透過手指來尋找通往出口的路徑。迷宮遊戲其實也是一種畫線練習。也很推薦從迷宮遊戲中練習「畫直線」、「畫曲線」等串連起2點的各種畫法。

進階挑戰

挑戰又長又複雜的迷宮

接著可挑戰整體路徑彎彎曲曲，而且死路多又複雜的迷宮。路徑的寬度也會變得比較窄，但請提醒孩子留意，畫線時應將線條畫在路徑中央。能精準地畫線，也就寫得出細小的文字。孩子會漸漸掌握迷宮的整體動線，看出該往何處前進並隨之畫出路線。

3 找錯遊戲

❶請從可愛圖畫或卡通人物圖等，種類豐富的找錯遊戲本中，選出適合孩子年齡的作品。也可以用親子餐廳所提供的圖紙來進行。

❷請使用明確標示有幾處錯誤的圖片。建議從找出3項錯誤的圖片開始進行。「這2張圖有3個不一樣的地方，找到的時候再告訴媽媽喔！」，培養孩子成為找錯高手。

POINT

- 選用孩子喜歡的圖畫或照片找錯遊戲本，會讓他們更加躍躍欲試。
- 陪在一旁，適時給予提示。

進階挑戰

在沒有提示的情況下，能否找出所有錯誤項目

對兒童而言，最容易發現的不同之處就是「有、沒有」。相對於此，較不容易察覺的則是同樣的畫面，但「高度、幅度」不同、顏色的配置相反、橫條紋變直條紋等些微的差異。進行進階挑戰時，不做出任何提示，也不告知究竟有多少不同的地方，考驗孩子能否找出所有項目。

初步學習

不必全都找到也沒關係

當孩子找出其中一項時，請略顯誇張地大加稱讚「好厲害喔！」，接著再告知「還有一個沒找到喔」、「就在這附近」，提示部分內容，做出引導讓孩子更容易發現。透過這個遊戲能養成注意力、觀察力。

假日 第3週

4 猜測遊戲

❶準備撲克牌。只會用到5張牌，分別是4張黑桃和1張紅心。仔細洗牌後蓋住牌面，詢問孩子「你覺得紅心是哪一張」。

❷孩子的腦袋會全力運轉，以便找出紅心牌。此時就能鍛鍊對看不見或聽不見之物的「感受力」＝超感官知覺。

POINT

- 開導孩子「猜不中是很正常的！不必為此感到懊惱喔」。
- 每5次就能猜中1次！磨練人類天生具備的感知能力。
- 愈多人玩時愈能產生磁場效應，猜中的機率也會提高！

初步學習

紅牌黑牌大對決

每種花色各選2張牌，總共使用8張牌。仔細洗牌後蓋住牌面，讓孩子依序猜測每張究竟是紅牌或黑牌。記下猜對的張數，更能體驗到準確率會不斷上升的現象。反覆練習後就能培養出「感知能力」，而能深度理解人的心理、洞悉事物的本質。

進階挑戰

尋找A！

使用13張紅心牌（其他花色也OK）。仔細洗牌後蓋住牌面，猜測哪一張是紅心A。一開始其實很難猜中，但反覆進行後，就會像正好調對收音機的頻率那樣，命中率會高到令人驚訝。就連孩子本人也不明白為何自己能猜對。只能說一切都拜感知能力所賜。

第2個月

成長確認表

在孩子學會的事項上打勾進行確認！
也請將首次成功日當成紀念日記錄下來。

✓	學會的事項	成功日
☐	能記住10張閃卡內容	／
☐	能與爸爸媽媽一起玩神經衰弱	／
☐	能背誦論語的一小段內容	／
☐	能說出比手畫腳的正確答案	／
☐	能和爸媽一起玩家家酒	／
☐	能和爸媽一起摺紙飛機	／
☐	能和爸媽一起用翻花繩做出掃帚形狀	／
☐	觀看橘底畫有藍色圓形的圖卡時，能透過殘像看見藍色圓	／
☐	能拼完拼圖的最後3塊缺片	／
☐	能在父母的提示下走到迷宮的終點	／
☐	玩找錯遊戲能找出3項不同之處	／
☐	玩猜測遊戲能猜中目標牌卡	／

第3個月

磨練表達能力

第3個月

磨練表達能力

在現代，舉凡社群網站上的互動、在家上班或遠距工作等，不需要面對面進行交流的方式，似乎已經成為日常風景。只透過網路連線來進行溝通，有些時候會造成我們意想不到的誤解，也多多少少讓人感受到，人與人之間的來往互動變得非常不容易。

在現今這個溝通交流方式極為多元化的時代，磨練表達能力已經變成愈來愈必要的事。關於孩子第3個月的訓練，將會聚焦在「表現力」、「語彙力」、「作文力」和「溝通力」這些方面，以磨練孩子們的表達能力。

●表現力

表現力並不只限於言語方面。

諸如玩黏土、玩沙、繪畫等創作，也都是表現自我的方式。

不設定任何的框架，要求孩子「一定要這樣做才對」，不論是什麼樣的展現方式都予以接納。當孩子獲得「能自由表現自我」的安全感時，就能毫不遲疑地以各種方式展現自身的想法。

● 語彙力

原以為孩子「生性害羞不敢說出自身的情緒」，但在積極增強孩子的語彙能力之後，沒想到情況居然有了180度的大轉變，成為很愛講話的孩子！很多孩子話少不是因為個性使然，只是因為語彙能力不足罷了。

自身有什麼樣的感受、有哪些想法，都必須有足夠的語彙力，在思考方面才有辦法更加深化。而將「自身的思緒」轉化為容易表達的字句，也是必須透過語彙能力才能夠辦到。

再者，可以清楚表達自己的想法，就代表「有機會讓理解自己的人變得更多」。當身邊有願意理解自己的人存在時，人生無疑會充滿安心與幸福感。語彙力在這當中扮演著關鍵角色。

● 作文力

讀繪本給孩子聽之類的「閱讀」行為，屬於輸入式教育。

輸入式教育能夠豐富孩子們的想像力，培養出敏銳的感受力，即使內容涉及未知的世界，孩子也不會感到卻步有距離。

相對於此，「書寫」則是屬於輸出行為，思考在透過文字化的呈現會變得更加正確。當培養出閱讀（輸入）和書寫（輸出）這兩種能力時，就能發揮加乘效果，讓自身的各種能力能再更進一步獲得磨練。請訓練孩子藉由書寫的方式，將閱讀繪本所習得的表現手法或情感抒發，確實地內化成自身擁有的能力。

當孩子能將自身體驗轉化成言語來表達時，就代表他們已經能真正理解各種事物，並進行相關的思考。學習能力奠基於作文能力。我個人則推薦從2歲開始便學習（口頭）作文。「讓學齡前的幼兒學作文會不會太早了？」不妨捨棄這種先入為主的觀念，培育孩子所擁有的無限潛能。

●溝通力

能夠以確切的字句表達出自身的感受固然非常重要，但完整的表達力還包含了推敲對方情緒的能力。

而培養這份能力的最佳方式，依舊是透過遊戲。孩子在各式各樣的遊戲中，會感受到自己和對方內心的各種不同情緒，在不斷地累積主客觀經驗後，溝通力就會有長足進步。孩子也能逐漸懂得去體會對方心中的感受，因應對方的情緒而做出最適當的溝通。

請透過接下來內容所介紹的打招呼遊戲、情境遊戲等，設定各種場景，在開心遊玩的同時，奠定溝通的基礎。

「當自己這麼做的時候，對方會怎麼想呢？」

孩子會逐漸懂得體恤對方，並反思自己的言行舉止。

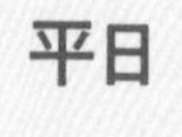

共讀繪本的重點❸

持續讀繪本給孩子聽，使其成為「愛書人」

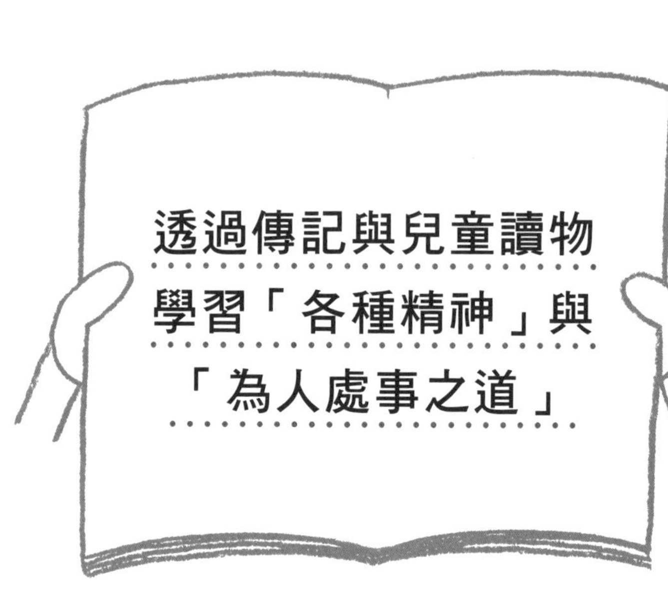

等孩子年紀大一點已經熟悉看故事之後，接下來則推薦讓孩子閱讀「傳記」。雖然有些大人會覺得是不是有點言之過早，但這樣的想法其實是小看了孩子的能力。當孩子到了懂得故事內容的階段，就算是小學生適讀的書籍，孩子也是能夠聽懂的。一般來說親子共讀的時候，孩子通常都能超前2年的進度，理解相關讀物內容。

到目前為止的階段都是以單純的故事為主，讓孩子覺得讀起來「很有趣」，接下來則要將主題漸漸轉移到「好可憐」、「好難過」、

POINT

- 也請閱讀主角「闖禍」的故事。
- 由父母親選購1～2本能拓展視野，程度較為超前的故事書。
- 先透過讀書累積經驗之後，才帶孩子上美術館、博物館等各種設施。

「自己可不能像故事人物那樣」等，能感受到「各種精神」或「為人處世之道」的讀物。

看到繪本中的角色惡作劇，或是對媽媽的態度惡劣等不可取的行為之後，根本不用父母親開口糾正，孩子就會自行察覺到「這樣可不行啊」、「自己是不是也曾經這樣……」。

透過書本來學習的好處在於，孩子本人不會挨罵。被罵、因為失敗而落淚的都是書中的人物，這麼一來除了可以保有自尊，又能獲得虛擬的體驗，對角色產生代入感。

幫忙家事的重點❸

讓孩子自行換穿上幼兒園的服裝

媽媽不出手幫忙！
由孩子主導，
完成著裝打扮

孩子能夠自行處理自己的事情，這對職場媽媽而言就是幫了最大的忙。隨著年紀漸漸長大，孩子想要自己動手做的念頭也會愈來愈強烈。雖然做父母的總會忍不住開口提醒、外加出手幫忙，但一旦遇到這種情況時請暫且忍住，就算會比較費時、襯衫下擺沒紮好跑出來，也不多說或多做些什麼，只是靜待孩子本人表示「我好了」。回想之前每天都還鬧著「不想換掉睡衣」、「也不想穿這些衣服」而搞得父母很頭大，現在卻會自己換衣服，這樣的成長真的會讓父母親忍

POINT

- 由孩子自行決定今天要穿的衣服。
- 在孩子獨自換完裝之前，
  靜心等待不出口也不出手幫忙。
- 也試著請孩子檢查需要帶去幼兒園的物品。

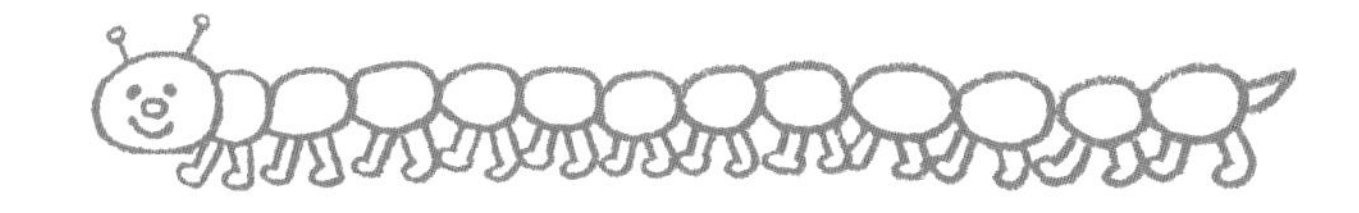

不住淚腺大失守。

在孩子還不會自行穿衣的年齡階段，可以幫忙選擇明天要穿的衣服並做好準備。遇到孩子拖拖拉拉心情欠佳，或耍賴鬧脾氣的時候，則可以暫停自行穿衣的訓練，「今天就由媽媽幫你穿～」將換裝當作親子互動的時間。

「今天我幫忙穿衣服，會不會明天就不肯練習自己穿？」，其實這樣的擔心是多餘的。實際上正好相反，今天的不良情緒獲得媽媽的安撫時，孩子會感到滿足，明天開始又能自行努力。

1 黏土遊戲

❶由爸爸媽媽先做一次加以示範。以孩子曾經看過的東西為題材，像是香蕉、紅蘿蔔、番茄等食物，或是花朵之類的植物，並做給孩子看。「你覺得我在捏什麼呢？」，在製作的過程中出題考考孩子，會讓他們更充滿期待。

❷如果是彩色黏土，則從中選出1〜3種顏色使用。「把這2種顏色混在一起會變成什麼顏色呢？」，觀察色彩的變化，也是此遊戲的樂趣之一。

POINT

- 為成品加上標題、日期以及孩子的名字，當成「作品」。
- 為避免孩子對顏色的興趣大過黏土，請準備色彩較不明顯的黏土。

初步學習

捏出喜歡的形狀

如果孩子還不太會模仿爸爸媽媽所製作的範本時，就先從「拉長」、「搓圓」等基本的黏土捏法教起。以孩子熟悉的事物為題材，例如：圓圓的月亮、三角飯糰、禮物盒等等，捏出球體、三角形、四角形等單純的形狀。

進階挑戰

試看看製作自己創作的作品

已經能照著範本捏出成品之後，接下來則請孩子製作自己喜歡的東西。有時孩子聽到做什麼都可以這樣的指令時，反而會不知道究竟該做什麼好而顯得猶豫，因此不妨幫忙指定「動物」、「交通工具」、「食物」等類別。為避免孩子中途失去興致，當捏得不太順利時就給予提示，適時地提供協助以完成挑戰。

2 玩沙

❶堆沙之後開始做出一座大山。完成之後，「爸爸從這邊開挖」、「〇〇從那邊挖過來」，兩人朝著同一方向挖洞。「開通！」當孩子的手碰到爸爸的手時，會覺得癢癢的很好玩，笑得合不攏嘴。

POINT

- 沙堆垮掉時則再接再厲。
  教導孩子「一切是可以重來的」。
- 太過鬆散的沙土，
  則利用澆水桶等工具補充水分。

初步學習

捏泥球

一開始先教孩子怎麼玩沙。捏泥球可謂不分世代，任何人都曾玩過的經典遊戲。爸爸媽媽也請回歸童心，樂在其中地進行示範，與孩子一較高下，看誰捏得最紮實、最光滑平整等等。

進階挑戰

加水玩玩看

熟悉玩沙之後，則可準備水桶或澆水器來製作河川或水池。為作品增添高低落差，以便讓水從上游流到下游，或是在城堡周圍挖出護城河來蓄水。此遊戲能培養孩子大範圍設計的思考力與表現力。相信孩子一定會興致勃勃地不斷往返取水區和沙坑大興土木。也請準備替換衣物，讓孩子能玩得盡興。

3 畫畫

❶ 首先請孩子畫出家人。「〇〇的家人有誰呢？」，與孩子一同進行確認，「爸爸、媽媽、爺爺、奶奶……」。也可以順便教導孩子住在一起的狗狗或貓咪也是一家人。

❷ 畫好之後，詢問「這是畫誰呢？」、「這個畫的是什麼時候的表情？」，並加上標題以及日期，當成「作品」擺飾於房間內。

POINT

- 顏色控制在6種左右即可。
  推薦質地柔軟好畫的櫻花牌COUPY彩色筆。
- 了解用力畫時顏色較深、輕輕畫時顏色較淺的原理。
- 從會畫的東西開始練習，累積「成功經驗」。

初步學習

從單純的形狀開始畫起

孩子尚未具備畫畫的概念時，就從畫形狀開始練起。只會畫圓形、三角形、四角形等線條也OK。不用太在意「我家孩子有沒有繪畫天分」，只畫簡單的標誌也沒關係。不知道該讓孩子畫什麼才好的家長，請參考坊間各式各樣的繪畫教學書籍。

進階挑戰

試看看圖畫日記

圖畫日記其實是難度頗高的挑戰。來到5、6歲的階段，幼兒園舉辦運動會或園遊會等活動時，就會請孩子們畫下這些回憶，孩子們對畫畫也較為熟悉。在家也可比照辦理，請孩子將外出時的風景、與媽媽一起做菜的情景、在公園所發現的昆蟲等日常景物畫下來。

1 文字接龍

❶當孩子知道的詞彙漸漸增多後，可以開始玩文字接龍。試著從造詞開始，輪流以造詞的最後一個字為開頭，造一個新詞，例如：爸爸說「天空」，媽媽說「空氣」，孩子說「氣球」，爸爸又說「球場」……讓以孩子熟悉的事物，或幼兒園老師、同學的名字當開頭時，會讓孩子感到意外「還有這招喔～」，而一舉炒熱氣氛。剛開始請巧妙誘發孩子的興致，正式展開你來我往趣味橫生的接龍遊戲。

第3個月

POINT

- 藉此了解孩子所學會的各種字彙。
- 這個遊戲不需要準備器具，在移動中或隨時隨地都可進行。
- 「接卡通人物的名字也OK」，使用讓孩子感到開心的規則。

初步學習

重複同樣的單字也OK，放寬規則

當孩子年紀還小時由於語彙力不足，可以放寬標準將規則設定為重複同樣的單字也沒關係。比方說「ㄑ(q)」開頭的單字，孩子只能舉出「氣球」時，家長就應該留意。後續一起翻閱繪本或圖鑑時，就可以藉機教導「『ㄑ』開頭的單字有『鞦韆』、『蹺蹺板』、『蜻蜓』……」積極地幫孩子加強語彙能力。

進階挑戰

設定各種規則

指定「交通工具」、「植物」等類別範圍、不能使用3個字以上的字彙等等，限制可以使用的單字範圍時，玩起來就會更有難度。在目前這個階段，父母親的語彙力會原原本本地反映在孩子的語彙表現上，因此玩此遊戲時，也請家長提升自身的能力。如果孩子想多記些單字，就是教他們練習查字典的好機會。

2 聯想遊戲

❶「說到紅色就會讓人想到蜻蜓」、「說到蜻蜓就會想到翅膀」，透過聯想串聯起相關詞彙。開始進行前可利用「舉出10種蔬菜」等方式幫孩子熱身。指定類別和個數，讓孩子能順利調度詞彙。

❷要是孩子說出的內容不太符合相關聯想時，不妨詢問「為什麼會說出這個詞呢？」，有時或許會被孩子出乎意料的思維所感動喔。

POINT

- 幫忙指定類別與個數。
- 詢問孩子「為何會這樣聯想」的理由。

初步學習

以圖鑑為線索進行聯想

像這類型的遊戲非常考驗知識量。在孩子對各種事物都還不甚了解的階段，請先從吸收知識做起。打開「魚類圖鑑」，親子交互指出喜歡的魚，並唸出名字也很有趣。「魚也會生活在河川裡喔」，打開描繪著河川的繪本，同樣唸出各種魚的名稱並進行聯想，也是很不錯的方式。

進階挑戰

不相關的聯想遊戲

難易度較高的遊戲方式，則是說出毫無關聯的事物。「說到甜，就會想到棒球手套」、「棒球手套就會想到砧板」、「砧板就會想到……」，將毫無關聯的東西串聯起來。腦總是習慣聯想到有所關聯的事物，這項遊戲須具備瞬發力，考驗腦袋能否換個方式思考。

假日
第2週

3 作文遊戲

❶以4W（何時、何地、何人、何事）和1H（如何）來進行遊戲。「何時」（昨天、前幾天）、「何地」（在家、在幼兒園）等，以4W1H和動詞（過去式）為主題，各寫出3張不同內容的紙條，並將內容往內摺起。

❷親子分別從4W1H和動詞紙條中各選出一張。首先從孩子所選的紙條開始進行，依序唸出「何時何地，何人如何做了○○」的內容。

POINT

- **對孩子表示「把你腦袋所想的事轉成說話內容，然後告訴爸爸媽媽喔」。**
- **要是孩子不知道該寫什麼好，可用詢問的方式進行引導。**
- **確實給予稱讚，讓孩子願意「再多說一點」。**

進階挑戰

挑戰3行作文

熟悉詞彙後，就可以挑戰寫3行作文。不妨訂下「如果我是獨角仙的話」之類充滿科幻色彩的主題，這樣還可以同時進行提升想像力的練習。讓孩子寫下各種「如果我是〇〇的話」的文章，從日常事物中抽離出來，就是提升創造力、想像力的祕訣。還不會寫字也沒關係。請以口頭的方式進行3行造句遊戲。

初步學習

透過「顏、聲、形、感、量、想」做出豐富表現

詢問孩子顏色、聲音、形狀、感受、分量、想像。如此一來，他們就會依序回答：「走過遊樂園的粉紅大門後，聽到轟隆的聲音。原來是雲霄飛車。我也想玩，可是工作人員說5歲兒童還不能搭。等我9歲時一定要坐雲霄飛車。」文章就會像這樣脫胎換骨，截然不同。

1

打招呼遊戲

❶ 訓練孩子被問到「你叫什麼名字？」、「你幾歲？」時，能答得出來而不感到害羞。想像該場景，進行打招呼遊戲。

❷「在坐電車的時候有隔壁乘客問你」、「超市收銀台的姊姊問你」，想像各種情境，進行即興短劇，反覆演練。演得逼真投入時，孩子會更加覺得有趣。

POINT

- 訓練孩子表達有關自身的資訊，
  在迷路時就能派上用場。
- 父母親應以身作則，積極打招呼。
- 不嚴詞糾正孩子講錯的部分，
  只須輕描淡寫地說出正確講法就好。

初步學習

問候家人打招呼

「早安」、「謝謝」、「我要開動了」……讓孩子在家中養成打招呼的習慣。可隨機挑選幾個時間點，像是早上起床時、爸爸回到家時，觀察孩子是否能說出適切的問候語。要是對著回到家的爸爸說「我回來啦」時，只須不動聲色地說出正確說法「你回來啦」即可。

進階挑戰

教導有禮貌的說話方式

當孩子已能表達有關自身的事物時，接著則該學習記住「住家地址」、「父母親的手機號碼」、「離家最近的車站」、「幼兒園名稱」等等，在迷路時能幫自己一把的各種資訊。回答時不說「嗯」，而用「是」；想麻煩別人拿東西時，不說「我要○○」而是「請給我」。教導孩子有禮貌的說話方式，讓他們懂得如何應對進退。

假日
第❸週

2

情境遊戲

❶「我們來玩朋友遊戲好嗎？那媽媽就假裝是你的朋友喔。〇〇你生日耶，我要送你禮物！」，想像「受惠於人」的情景，進行即興短劇。

❷教導孩子許多會讓對方感到開心的回應方式，像是說「謝謝」道謝、雙眼注視著對方表達感激等等。

POINT

- 讓孩子能無所遲疑地熟練做出相關反應。
- 以身作則，令孩子耳濡目染。
- 告訴孩子做得不好也沒關係。

進階挑戰

學會請求他人協助

模擬迷路時必須尋求他人幫忙、打破玻璃、害同學受傷等惹出麻煩，或感到困擾時的情況，陪孩子一同思考該如何向對方表達，以及該怎麼做才好。透過模擬情境，訓練孩子不會在遇到緊急狀況時被情緒淹沒，而能自然而然地做出適切的反應。

初步學習

從問候打招呼開始

利用日常生活中常見的場景來練習。「問候語」其實就是每天必會用到的詞句。這項做法與打招呼遊戲是相通的。在家打招呼、前往幼兒園途中、在超市購物、遇見隔壁鄰居時等等，每天都設定不同的情境，讓孩子養成打招呼的習慣。

第3個月

成長確認表

在孩子學會的事項上打勾進行確認！
也請將首次成功日當成紀念日記錄下來。

✓	學會的事項	成功日
☐	能以黏土做出與範本一樣的成品	／
☐	能在沙坑堆出大山	／
☐	能畫出家人的畫像	／
☐	能與爸媽一起玩文字接龍	／
☐	玩聯想遊戲時能舉出5種蔬菜	／
☐	在爸媽的協助下能做出（說出）一則文章	／
☐	能說出自己的姓名與年紀	／
☐	能與爸媽一起玩朋友遊戲	／

應用挑戰！

培養各項發展能力

應用挑戰！

培養各項發展能力

第1個月為養成就學前應先建立的10項基礎概念，第2個月為打下「記憶力」、「想像力」、「推理力」等有關思考的基礎，第3個月則是磨練「表現力」、「語彙力」、「作文力」、「溝通力」等表達能力。

而在「應用挑戰！」篇，則以這3個月所養成的能力為基礎，介紹有關

☆音感

☆英語力

☆計算力

☆嗅覺、味覺

☆筆壓

☆擴散性思考

等6項遊戲，以培養這些發展能力。

聽到「音感」一詞或許會讓人覺得，必須讓孩子去上才藝班才有辦法學得會；至於「英語力」與「計算力」，則會讓有些家長認為「應該不用在年紀還這麼小的時候就學這些吧？」。

其實這些想法不過是大人的主觀認定罷了。

0～6歲的孩子求知慾相當旺盛，什麼都想知道、什麼都想嘗試看看，可謂充滿挑戰精神。

不需要特別去上才藝班讓孩子置身於特殊環境中，在習慣聽音樂的家庭裡就能培養音感；懂得英語或計算方式，孩子就會主動吸收新知。**對孩子而言，一切就像遊戲，學習能帶來滿足「求知」這項根本慾望的喜悅**。

跳脫「年紀還小」的思考藩籬，賦予孩子挑戰的機會。

「沒想到這孩子居然對這方面有興趣?!」

「原來孩子很擅長這方面的學習！」

意想不到的天分或許就會開花結果。相信這麼做，一定也能滿足爸爸媽媽想更加了解自家孩子的期盼。

1 音感遊戲

❶請在開車、準備早餐和晚餐的時候播放音樂。非常推薦音律單純，歌詞簡短的「童謠」。

❷不光只是聽（輸入），也請跟著唱出來（輸出）。像童謠這樣簡短的歌曲，對兒童來說好記又好唱。重複播放2次後，在第3次時便發出鼓勵「再來換○○唱！」，給孩子表現的機會。

應用挑戰！

POINT

- 讓孩子從小就接觸童謠、古典樂等各種類型的音樂。
- 選用父母親喜歡的音樂也OK。親子一同欣賞音樂。

初步學習

一音一姿勢！利用肢體記住音節

先帶孩子認識「Do Re Mi」的音階與名稱。「『Do』要蹲下來、『Re』則做出萬歲舉手的動作、『Mi』要跳起來喔」像這樣，不光透過耳朵也運用肢體動作，將音節結合動作，讓孩子能備感有趣地吸收學習。剛開始先從「Do」、「Re」這2個音階開始，再逐漸加入其他音節。

進階挑戰

挑戰和弦問題

已經熟悉音樂，能唱出聽過的歌曲之後，就可以使用鋼琴來挑戰和弦問題。彈奏由3個音所組成的三和弦，考考孩子能不能說出是哪3個音。不妨以「Do Mi So」、「Fa La Do」、「So Si Re」大三和弦，以及「Le Fa Ra」、「Mi So Si」、「Ra Do Mi」小三和弦這6項基礎三和弦來出題。

2 五感遊戲

❶ 準備還沒去皮的水果，例如：蘋果、香蕉、奇異果、橘子等任意3種當季水果。「聞味道猜水果，猜中就有得吃喔！」，請孩子閉上眼睛，並嗅聞味道。摸到實物得知形狀就破功了，因此需避免孩子觸碰，並請其確實閉上眼睛，並由爸媽將水果拿到他們鼻子前嗅聞。

應用挑戰！

POINT

- 嗅覺、味覺可透過點心或用餐時間寓教於樂。
- 只選用香味宜人的食物也OK。略過孩子不喜歡的味道或臭味也沒關係。

初步學習

閉上眼睛，這是什麼味道呢？

請孩子閉上眼睛吃下幾種水果，單憑味道來回答水果名稱。每樣的大小需統一，各切成5mm塊狀，再送入孩子口中。斷絕來自視覺的所有資訊，嗅覺、味覺、（舌頭）觸覺就會變得很敏銳。

進階挑戰

透過幫忙家事，認識各種複雜的香味

當孩子記住每樣食材的味道之後，再教導他們平常所食用的餐點集結了哪些味道。因此，最適合在做菜過程中進行這項體驗。鹽巴、砂糖、醬油、辣椒等，每加入一項調味料，香味就會更濃郁，達到相輔相成的效果。了解調味過程，便能了解複雜的味道是由哪些要素構成的。

發展

3 計算遊戲

❶畫出5×5的方格圖，依序寫下「1＋1」、「1＋2」、「1＋3」、「2＋1」、「2＋2」、「2＋3」……並記住順序。最後一格則停在5＋5，以25宮格計算法來記住每邊1至5的各項加總。爸爸媽媽請陪在一旁告知答案，並請孩子填入方格裡。

應用挑戰！

POINT

- 不明白意思也OK。
  只須寫下來、聽答案，再整個記下來就好。
- 也很推薦使用百珠算盤等教具。
- 透過25宮格計算法，
  記住每邊1至5的各項加總答案。

初步學習

認識加法

從加法的概念學起。1加1等於2、2加2等於4……告訴孩子數字相加所代表的意思。使用百珠算盤或十珠算盤等教具的時候，能透過視覺建立印象，對孩子而言會比較好懂。

進階挑戰

挑戰百宮格

孩子熟悉計算之後，便可以挑戰10 × 10，填滿100個方格的「百宮格計算」。進行時，請計時填寫完畢的時間。剛開始大概需要花上5分鐘，隨著反覆練習後，時間就會逐漸縮短。孩子們會邊寫邊記住答案。如果能將計算訓練成完全記憶，日後就能帶來極大的幫助。

4 英語遊戲

❶反覆讓孩子聆聽英文歌曲。推薦使用為各年齡層的兒童所設計的教材。連續聽2次簡短的歌曲後，第3次就請孩子發揮。如果有無人聲純音樂伴奏的CD會更好。沒有的話，則鼓勵「這次換○○唱唱看」，為孩子營造輸出成果的時間。

❷閱讀繪本的時候，可以安排一天為英語讀本日。這也是接觸外國畫風、文化的機會。

應用挑戰！

POINT

- 時候到了自然就會，
  因此進行時不需期待孩子能唱得完整。
- 難度適中才能培養能力！
  選用適合孩子年齡的教材。

進階挑戰

背誦 英語繪本

選用適合孩子目前程度的教材是比什麼都重要的。市售教材所設計的內容，往往超出實際年齡所能理解的程度。相較於讓孩子聽很多首長度很長的英語歌曲，或是閱讀好幾本英語繪本，能完全背下1冊4頁的英語繪本，反而能增添孩子的自信。請選擇程度簡單的教材，培育孩子的自信心。

初步學習

儘管聆聽 就好

晚間讀繪本時請使用只有少少幾頁的英語繪本。目的不在於學習，只是讓孩子聽聽英文的聲調，接觸英文就好。爸爸媽媽也請放輕鬆，就當作是幫孩子暖身，讓他們習慣首次接觸的外語音調與畫風。

發展

5 鉛筆遊戲

❶畫出簡單的迷宮，或是3點連線畫出三角形、4點連線畫出四角形等等，讓孩子能逐步學會掌握鉛筆。

❷已經熟練後，就可以請孩子「把線畫在路徑中間」，避免碰到迷宮路徑的外框，練習畫線。透過這項練習，孩子就會自行察覺必須調整握住鉛筆的力道，否則會劃破紙張，或線條太淡看不見等等，而有許多新發現。

應用
挑戰！

POINT

- 增加孩子使用鉛筆的機會。
- 拿鉛筆的方式會影響到拿筷子的方式，因此請教孩子正確的握筆姿勢。

初步學習

以連結各點的方式畫出各種線條

在紙上畫出2個點，告訴孩子「在這個點跟那個點之間畫一條線看看」，進行隨意畫線的練習。剛開始是無法畫出直線的，雖然線條扭來扭去、歪歪斜斜，但在孩子懂得畫線連結2個點時，請大力給予稱讚。有些教材會設計彎彎曲曲、繞來繞去的連結各點畫線練習，因此也很推薦使用教材來進行。

進階挑戰

挑戰寫字

能畫出筆直的線，就能為寫出一手好字奠定基礎。如果已經能充分掌握畫線的技巧，接著不妨挑戰寫字。不用覺得一定要嚴肅學習，就當作是畫迷宮或以點連線的延伸，輕鬆愉快地嘗試就可以。

發展

6 牙籤遊戲

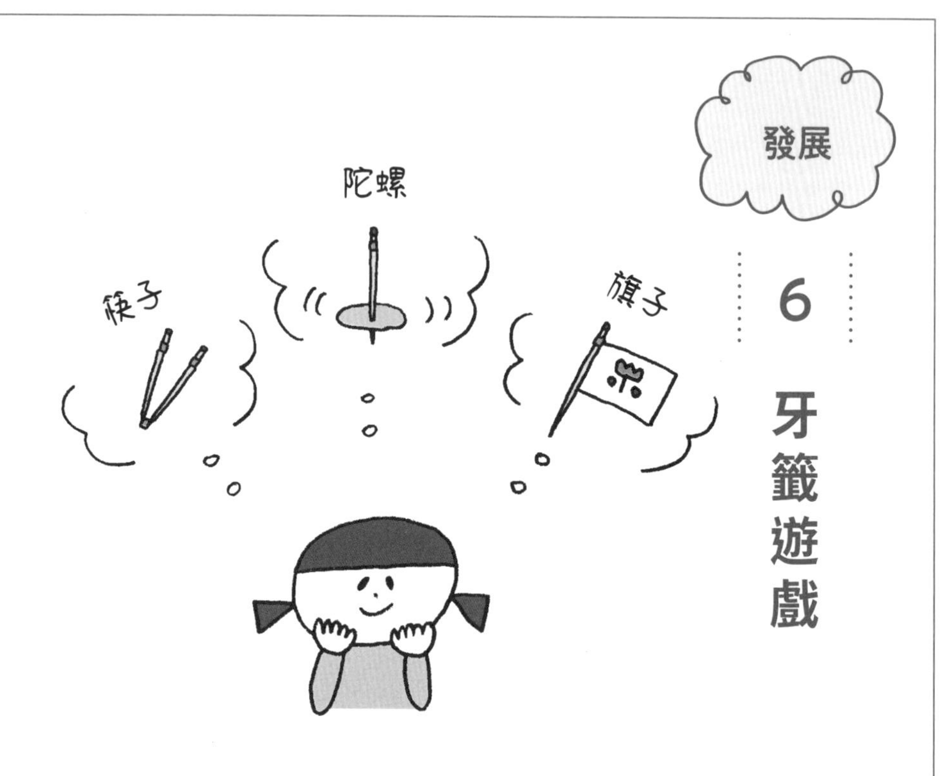

❶ 教導孩子除了平時習慣「用來插食物」以外的牙籤用法。比方說，用保鮮膜封住吃剩的蛋糕時，為避免奶油沾黏，先插上牙籤後再封保鮮膜等等，請爸爸媽媽實際示範這些生活好點子。由媽媽來插牙籤，並交給孩子來收尾，「請○○封上保鮮膜」，孩子便能體驗到「真的耶！不會沾到奶油」的新發現與成功快感。

應用挑戰！

POINT

- 無論何種點子都給予稱讚，培養孩子成為點子王！
- 幫忙家事的過程中會湧現許多點子！請讓孩子多多參與。
- 還可針對牙籤以外的其他生活用品，思考創意用法。

初步學習

認識牙籤的一般用法

先從認識牙籤的一般用法著手，告訴孩子牙籤的用途。用來吃水果或章魚燒、吃豆類等很難用筷子夾起的食物，或者是用來做pinchos（竹籤小點心）等可愛又有特色的料理。請孩子回想各種使用牙籤的情景，一起確認相關用法。

進階挑戰

擴大點子的發想範圍！

牙籤經常被用在食物上，但不妨想想能不能將它運用在其他與食物不相關的事物上。像是用來刺破包材上的氣泡、掃取窗框邊角的灰塵等等，擴大牙籤的使用範圍，列舉相關點子。除了牙籤之外，也不妨想想橡皮筋或襪子等創意用法。

Chapter

3

讓孩子感受到更多的愛！親子溝通術

陪孩子玩樂就是一種親子溝通

育兒最重要的就是，**父母親向孩子展現關愛，以及孩子充分感受到這份愛的雙向循環**。

當這個循環過程不順利的時候，就會衍生親子問題。雖然父母親覺得自己付出十足的關愛，但孩子卻未產生這樣的感受，認為「爸媽並不愛我」，而在這樣的情況下長大成人的個案相當多，實在令人感到非常遺憾。

一直以來，有些家長可能因為本身與父母親的關係並不好，或是聽聞親朋好友的親子溝通出問題，而向我請教「很擔心孩子是否確實感受到關愛」、「萬一因為缺乏愛而變壞怎麼辦……」。

尤其是職場媽媽往往會感到不安，深怕自己與孩子的相處時間較短，而無法讓孩子感受到自己的關愛。

不過，不需過度在意這件事。

只要展現適切的言行與態度，就能讓愛的循環順利作動。要讓孩子感受到愛，在溝通上其實是需要一點小技巧的。

- **讓孩子感到喜悅的稱讚方式**
- **不傷害孩子並指出錯誤的訓斥方式**
- **鎮靜孩子煩躁情緒的方式**
- **進行身體接觸的方式**
- **讓孩子保有自我肯定感的方式**

只要掌握Chapter 3所講解的這些重點，無論是稱讚、訓斥，或孩子情緒大爆炸、親子擁抱接觸，日常生活中的所有情況、所有時間都能成為表達關愛的機會。

本書不斷倡導的讀繪本、讓孩子幫忙家事，以及右腦開發遊戲，當然也都是展現關愛的特別時光。請各位掌握親子間的溝通要點，透過話語、態度充分地向孩子表達關愛。

相信你的愛一定能直達孩子心裡。

讓孩子感到喜悅的稱讚方式

「我總會立刻發現孩子做得不好的地方並提出糾正，可是卻很難找出好的部分，而且也不擅長誇獎孩子……。」

或許很多媽媽有這樣的煩惱。

然而，這並非家長不懂得讚美，只不過是不習慣罷了。

「每天都快氣死了，哪有什麼好稱讚的。」

即使嘴上這麼說，但實際上媽媽們應該都想找出孩子表現得不錯的部分，並說出來表達給孩子知道吧！

要是媽媽變得很會讚美的話，孩子就會想做更多、做更好，覺得自己有能力做到，幹勁與自尊心就會一舉攀升。

想讓對方感到高興其實是每個人都會有的欲求，對孩子而言，媽媽開心的表情就是一種至高無上的獎勵，整顆心便能獲得滿足。

認為自己「一直以來都不太誇獎孩子」、「不擅長讚美所以做不來」的父母們，請找出孩子值得嘉許的表現，並一步一步慢慢練習將這些話說出口。

讓孩子感到喜悅的稱讚方式有以下2項重點。

❶ 以線性敘事方式給予稱讚

❷ 稱讚「自動自發」的行為

接下來分別來看這2項重點的相關解說。

❶ 以線性敘事方式給予稱讚

以線性敘事而非單一時間點的方式發出讚美時，就能說到孩子的心坎裡。

「你會跳繩了耶！」是目前的時間點，換言之就是單一時間點的稱讚方式。

「明明一個禮拜前你還說『學不會，不想再練了』，現在卻跳得這麼好，可見很努力練習喔！」，這就是著重線性敘事的讚美方式。

聽到後者的稱讚內容時，孩子就會覺得「原來媽媽都有注意到呢」，而**感受到父母親一直關心著自己的這份愛，頓時覺得溫暖喜悅**。

這樣的稱讚方式也讓孩子想到「的確，一個禮拜前我根本還不會，現在卻已經會跳了」，而成為察覺自身成長與努力的機會。

請將重點放在孩子的時間軸上，對比前一陣子的情況，具體給予讚美。

❷稱讚「自動自發」的行為

第2項稱讚方法的重點在於，誇獎孩子的自發行為。

不用父母親交代，主動將大家的鞋子擺整齊；平時回到家，總是得聽到「先去洗手」的催促後，才會照著做，現在卻會立刻到洗手台報到自行洗完手；原本脫了就亂扔的襪子，也乖乖放入洗衣機裡……等等，當媽媽發現不必出聲提醒，孩子就會主動做好時，請立刻給予稱讚。

「不用人家交代，就主動把大家的鞋子擺好，真貼心好感動。」

「不用我叮嚀就自己洗完手，好棒喔！」

「洗衣服前還得到處撿襪子實在很麻煩，你真的幫了媽媽大忙呢！」

當孩子接收到「自動自發的行為能幫到媽媽的忙」這項訊息時，就會覺得自身的存在獲得認同，自我肯定感也會往上飆升。

我在育兒過程中，為了提升自己發掘孩子優良表現的洞察力，有段時期曾固定寫「讚美筆記」。每天寫下5項孩子的優良表現，作為表揚的題材。

剛開始會覺得5項未免也太多，但習慣之後就會察覺到，日常生活中其實充滿了可以讚美小孩的點，像是「會自己起床，而且會道早安」、「只不過是端出納豆而已，便嘴甜地誇媽媽煮的飯很好吃」、「每天早上養成上廁所的習慣」等等。

如果感受到孩子值得稱讚的事變多了，就代表自己已經開始注意到以往所忽略的各種小成長。每天的感動隨之增加，媽媽的幸福感也會直線上升。讚美會讓孩子與母親雙方都感到喜悅。當孩子感受到媽媽真心又溫暖的稱讚時，日後也會大方地讚美媽媽。這就是幸福的循環。

POINT

- 與前一陣子的結果做比較，以「線性敘事」的方式給予稱讚。
- 不需受人指示便「主動」做出行動時就應該予以稱讚。

不傷害孩子並指出錯誤的訓斥方式

「為什麼你這麼粗暴?!」
「不管說幾次都沒用。」
「懶得理你了。」

覺得自己老是在罵孩子的媽媽，你是如何訓斥孩子的呢？是不是會忍不住脫口說出上述的言論呢？

認為讚美孩子很難，但責罵卻是理所當然，或許很多家長根本從未想過，訓斥這件事究竟是困難還簡單。

其實，斥責這項行為是非常有難度的。

表面上是在訓斥孩子的不對，但父母親常常是因為時間不夠用，讓煩躁情緒凌駕於理智之上，才會表現得氣急敗壞。

也有非常多的家長對這個問題感到煩惱，問我該如何才能做出適當的訓斥。

適當的訓斥指的是，表達方式不傷及孩子的自尊，只針對該行為提出糾正，促進反省與改善。

獲得適切的訓斥時，也能更加促進孩子的精神發育。

斥責在父母親所肩負的育兒職責中，屬於相當吃重的任務。這裡就要告訴讀者們適當訓斥的3項重點。

❶訓斥時間控制在1分鐘以內

❷遣辭用字不否定孩子的人格

❸說得太過火時必須道歉

❶訓斥時間控制在1分鐘以內

一旦罵個沒完沒了的時候，不但無法促進孩子反省，反而會讓他們認定「超會碎唸很煩人」，而學會充耳不聞。因此規定自己速戰速決，在1分鐘內講完，如此一來，就一定只會挑重點說。

一針見血的簡短話語，會一直留在孩子心裡，日後遇到同樣情況時就能成為一種提醒。

❷ 遣辭用字不否定孩子的人格

最應該注意的就是，不使用否定孩子人格的說法。「真不敢相信你居然會搞出這種事」、「你不是我們家的孩子」，像這種否定孩子存在的負面說詞，會成為「爸媽不愛我」的想法，深植於孩子心中。

「你對我們來說很重要，可是啊……」，再**針對搶同學玩具、踢妹妹、說謊等行為提出糾正，加以訓斥**。將父母的愛與孩子欠管教的行為切割開來，適切地進行表達。

❸ 說得太過火時必須道歉

話說回來，父母也是人。即使掌握了要點，也是有做得不順利的時候吧！有時會流於情緒化、明知不該說某些話，還是忍不住脫口而出等等。

要是發現自己不是在「訓斥」，只是將自身煩躁的情緒發洩在孩子身上的時候，確實道歉便顯得非常重要。

無論活到幾歲，要承認自己的過錯都不是一件容易的事，不過育兒就是讓自身拋棄這些無謂自尊的絕佳機會。

「媽媽剛才心情很煩，忍不住吼了你，真的很對不起。」

聽到媽媽真誠的道歉，沒有任何一個孩子會吝於給予原諒的。

「嗯，沒關係」、「我也要說對不起」，聽到孩子的回應，有時會感受到原來「孩子對父母親的愛，更勝父母親對孩子的愛」的說法是真的。親子就像映照彼此的鏡子，當父母親愈誠實面對自身時，孩子也愈能以真實的情緒予以回應。

他人如何對待自己，自己就會如何對待他人，此乃人之常情。**如果從不曾聽過父母親對自己道歉，孩子自然也無法向他人道歉**。

無論是訓斥還是道歉，孩子都會模仿父母親的言行。「挨罵時人格並未遭到父母否定，聽到父母承認過錯並向自己道歉」的孩子，也能如此對待弟弟妹妹或同學們。

POINT

- **將時間控制在1分鐘，不罵個沒完沒了。**
- **不使用否定孩子人格的說法。**
- **如果說得太過火，務必主動道歉。**

鎮靜孩子煩躁情緒的方式

「反正也考不過測驗，我不想再學游泳了。」
「我不想參加鋼琴發表會。」
「一直算錯，我不想再練算數了。」

當孩子因為學習不順利而煩躁不耐的時候，你會如何回應呢？「**現在的方法不好，我們來找不一樣的做法**」、「**那得多練習才行啊**」，**是不是像這樣由父母親片面決定相關做法，或是調整進度安排呢？**

父母一心希望孩子能克服相關障礙所說出的話，或許會變成助長孩子煩躁情緒的因子，而引起更大的反彈演變成口角，導致親子對彼此感到不耐煩的惡性循環。

父母親往往會將焦點放在，如何將「做不到」的現狀扭轉為「做得到」的狀態，但請先暫停這樣的思考模式。

孩子當然也希望自己能做得到。

所以才會對目前做不到的自己感到懊惱與悲傷，當孩子像這樣陷入情緒漩渦的時候，就算詢問其原因、溝通解決方法，也只是左耳進右耳出罷了。

這樣做不但一點效果都沒有，反而還會讓孩子認為「根本就不了解我的心情」，而引燃負面情緒。

首先，應該認同孩子的情緒。

「沒做好被糾正你很傷心吧」、「我知道你總是努力想把這件事做好」，聽到媽媽理解自己心情的時候，孩子內心有如風暴般來勢洶洶的情緒，就會因而逐漸平息下來。

讓孩子能放下煩躁感，重整心情是很重要的。

等孩子重整情緒、恢復平靜之後，爸爸媽媽再來提出自己的看法，建議今後該怎麼做等等。

不過，這些建議並不是絕對要照著做的，別忘了告訴孩子，這些意見只不過是一種參考選項而已。

如果是才藝方面這一類有指導老師的學習時，父母親和孩子一起向老師尋求解決之道也是一種辦法。「不然我們跟老師表達〇〇的想法，問問該怎麼做才好」，向孩子展現願意協助、一起面對解決的態度時，就能令他們感到安心。

其他像是請教爺爺、奶奶，讓孩子明白其實有很多解決方法時，他們的內心就會堅定起來，覺得「我也有辦法做到」。

必須注意的是，

父母親以自身希望孩子能持續下去的想法為優先，而說出這些安撫之詞：

「都已經學這麼久了，不要輕易放棄。」

「禮服都買好了，還是參加發表會吧！」

「都已經安排好進度規劃了，就把它做完吧！」

諸如此類無視孩子情緒的說詞，對於改善情況來說是沒有辦法帶來一點點助益的。

不是強制孩子繼續，而是接納他們目前的心境，請秉持著「你是當事人，一切交由你決定」的態度來應對。

「媽媽，發表會快到了，但我完全做不到，幫幫我！」，要是孩子能主動發出求救訊號是很了不起的，代表他們能為了解決問題而做出行動。

父母親所能做的就是接納孩子的情緒，並幫助他們進行重整。

當孩子能走出煩躁不耐的情緒時，自然就會萌生正面積極的情感，也就能做出尋求解決的行動。

POINT

- 父母親不強迫孩子行動。
- 先暫停相關學習，重整情緒。
- 與孩子一同思考解決方法。

進行身體接觸的方式

如果被問及「有沒有固定和孩子進行身體接觸的互動呢？」，或許會有很多讀者覺得沒做到而感到不安。

尤其是職場媽媽，平時忙著跟時間賽跑，應該很掛心自己與孩子的相處時間太短這件事吧。

「孩子已經大到不太需要人抱了，該怎麼樣特意去營造抱抱時間呢？」

在嬰兒期被視為理所當然的親子身體接觸，隨著孩子成長，反倒成為很困難的一件事。

由於日本沒有擁抱文化，會視擁抱為特別行為、對身體接觸感到卻步，都是出自這個原因吧！

「身體接觸指的是什麼？」

「該如何和孩子進行身體接觸？」

其實不用想太難。

牽起孩子的手剪指甲。

請孩子閉上眼睛為他們沖掉洗髮精的那一瞬間。

請孩子打開嘴巴以便進行刷牙後的總檢查。

這些都能讓孩子感受到母親是與自己有所互動的。**不必做特別的事，也不需要刻意撥出時間，在生活中所共度的時光，就是一種身體接觸。**

重要的是表達關愛。請媽媽們別把剪指甲、洗澡、刷牙當作是日常例行公事，而是當成親子身體接觸的愛的時光。父母親和孩子相視而笑，光是這樣就是一種親密接觸。

POINT

- **單純和孩子共度時光也是一種親密接觸。**
- **別認為是在「照顧」孩子，而是當成寶貴的身體接觸時光。**

讓孩子保有自我肯定感的方式

「希望孩子懂得愛自己，擁有高度的自我肯定感」，相信這應該是為人父母者共通的期盼吧！現今，日本有許多孩子認為「我算什麼……反正也沒人在乎我……」，著實令人感到遺憾。

當站在人生交叉路必須做出決斷的時候，或是已經無路可退的時候，能不能相信自己的決定？是不是具備克服難關的韌性？這些都取決於自我肯定感的高低程度。

究竟如何才能讓孩子擁有高度的自我肯定感呢？**其實，孩子的自我肯定感是透過父母親的正面言論培養起來的。**

「因為有你，媽媽好幸福！」

「你很認真做好每件事，好棒！」

「謝謝你懂得說這些貼心話。」

在平時就經常向孩子說出這樣的話，這些話就會滲透到孩子的潛意識裡。

人的意識分為顯意識與潛意識2種，平常我們自覺「想做○○」、「我有時會○○」之類的就屬於顯意識。

據悉顯意識與潛意識所能發揮的力量比率為：顯意識3～10%、潛意識90～97%。我們認為是出自自身想法的部分其實未滿10%，各種行為與思考都是受潛意識影響所做出的。

潛意識的特徵就是能透過認知形成。

因此，**在幼年期如沐春風般地大量接收到來自父母親的正面言論時，就能累積肯定感，形成自身的存在是有價值的認知**。

要培養出自我肯定感高的孩子，在大腦快速發育幾乎與成人達到相同程度的0～6歲時期，父母親必須注意自身所說的話，不斷給予正面暗示，讓孩子能喜歡自己是非常關鍵的。

至於能否做到這一點，則取決於家長在育兒過程中，是否隨時留意不拿別人家的孩子來做比較。

話雖如此，隨著孩子的成長，舉凡語言的發展、畫畫、寫字、能與其他小朋友玩在一起等等，所有事物都會讓做父母的忍不住比較，「我家孩子學得比其他人還快，真厲害」、「落後其他人一大截，覺得很不安」。

有位母親看到媽媽友的3歲孩子已經會寫字而感到焦慮。

她向自己的父親（外公）談及這件事，父親表示：「男孩子的發育本來就比較慢，不要緊的。穩扎穩打地逐步成長，日後必定不同凡響。」這位母親才放下心來，同時也注意到，自己因為期待與焦慮而完全忽視了自家孩子的好，也很久沒對孩子說出表示認同的鼓勵話語。

在孩子剛出生的那段時期，抱在手裡的這個小生命的重量，以及惹人憐愛的程度在在令人充滿感動，相信只要是為人父母者一定都有過這樣的經驗吧！

我們當初滿心認為「只要孩子好好活著便別無他求」，曾幾何時卻忘個精光。**當我們發現自己拿孩子和其他人比較、語帶批判的時候，不妨回想起那段「謝謝你來到世上」對孩子的存在只有肯定毫無懷疑的時光。**

看看照片或影片回憶過往時，原本所抱持的過度期待和焦慮就會消失，驚覺孩子其實不斷有所成長的情緒，將會昇華成滿滿的感動。

對孩子充滿肯定，就是提升孩子自我肯定感的大前提。

孩子最想要的就是來自爸爸媽媽的正面肯定，這是無人可以取代的。正因為明白爸爸媽媽是最親近的人，所以聽到父母親所給予的正面言論時，就能對自己感到認同。

「你最棒了！」，表達自己的全心接納；「你一直都很努力呢！」，認同孩子的付出，積極透過這些話語，培養出孩子無可動搖的自我肯定感。

POINT

● 讓孩子沉浸於正面言論的環境裡。

● 忍不住與別人做比較時，請回想孩子剛出生時的情景。

親子共度時光就是美好回憶

「不知道該怎麼跟孩子互動。」

在當前這個待在家的時間變多的時期，我想應該有很多人感到困惑，不知要如何度過和孩子相處的時間。

本書之所以誕生，就是想要為忙碌的媽媽們介紹「能在家中進行，而且有助於孩子成長」的遊戲方法。

我們家夫妻倆都在工作，並養育了3名子女。

提到就學前的育兒時期，就會讓我回想到「為孩子做各種準備的忙亂早晨」、「不斷確認時間」、「急忙趕去幼兒園接孩子上下課」的情景。

除此之外，夫妻倆同時出差，沒地方可以托兒，只能帶著年幼的孩子們跑遍海內外的次數也多到數不清。有時怕忙於工作而無暇看顧孩子，還會打包一堆繪本和遊戲本出門。也曾經遇過孩子住院、動手術的情況……回想起來，在那段忙碌的歲月裡，我們並不清楚什麼對孩子好，很多時候就是先做做看再說。

這也順帶讓我回憶起當時是如何與孩子共度時光的。

總之，我們夫妻倆能為孩子撥出的時間是相當零碎的。當時我們所生活的島根縣，是個處處充滿大自然景物的鄉下地方，出入都是以開車為主。當開車載孩子出門的時候，我們會準備童謠、古典音樂、英語歌曲、學習歌曲、詩、俳句、民間故事、相聲……等各類型的CD來播放給孩子聽。

長途駕駛時，負責開車的父母親幾乎沒辦法分神利用雙手與眼睛和孩子互動，不過玩文字接龍的話就沒有這個問題。停等平交道時，則問問孩子「你們覺得列車會從哪個方向來？」，進行猜測遊戲。

也曾遇過孩子住院，沒辦法下床的情況。

那個時候我們在病房的窗邊排了一整排的繪本，另外還搬來了迷你摺疊桌架在病床上，準備鉛筆、彩色鉛筆、膠水、剪刀等物品，讓孩子自由地進行著色、塗鴉、剪紙、手撕畫、迷宮等各種想玩的遊戲。孩子也因為這樣的緣故，變得很會使用剪刀。

小孩總是熱愛有趣的事物。

有些時候大人會覺得某一些活動簡直就像在「課業學習」，但對孩子來說他們卻是當作遊戲在玩。

能不能讓孩子將該事物視為遊戲的關鍵，取決於大人的態度和說詞。原本對孩子而言，只要跟爸爸媽媽在一起，就是有趣又開心的寶貴時光。

當被強迫「給我乖乖做」時，或許就會心生反抗覺得「我不想做」。然而，如果母親笑著提議「要不要做做看」時，孩子自然也會笑容以對地回應。

親子一同進行各種嘗試時，孩子就會大幅發展出各種能力。學齡前的兒童只要稍加給予刺激就會有驚人的成長。

話雖如此，我想一定也有父親覺得，與孩子獨處時不知該說些什麼、做些什麼才好吧！

很多爸爸都是工作繁忙，孩子還沒起床的時候就要出門上班，在孩子入睡後才回到家裡，只有週末才有時間陪孩子，即便如此，他們也希望能夠一起帶著孩子玩遊戲。

當然，並不一定得完成書中所介紹的所有遊戲。

只要把本書當作幫助孩子能力發展的題材庫，挑選覺得有辦法執行的項目，參考內文所解說的做法，陪著孩子一同進行這樣就夠了。

要是覺得內容對自家孩子來說還有點難的話，就先從「初步學習」做看看。相反地，如果覺得內容太過簡單時，那就從「進階挑戰」著手。

本書中所介紹的各篇內容，都只是提供大家一個參考，畢竟遊戲的方式是無限多的。相信在親子同樂互動的過程中，不論是爸爸、媽媽或孩子應該都會萌生出許多點子才對。

無論是本書有介紹還是沒介紹的項目都好，希望大家能持續陪孩子進行他們所喜愛的遊戲。

假以時日，要是大家感受到孩子變得「喜歡閱讀」、「能幫忙某些家事」、「學會基礎概念」、「記憶力、想像力、推理力、表現力、語彙力、作文力、溝通力提升了」，那對我來說真的是無比的喜悅。

不過，要是沒有立即看見效果的話，也請不要感到焦慮。每個孩子都有自己的步調，還請靜心守候他們的成長。

世界上的每位母親都在自身所處的環境裡，盡自己最大的努力過好每一天。

總是先考量到孩子和家人的事，自己的部分則總是擺在最後。忙著張羅家事，忙著工作，沒有一刻閒得下來。在這樣分秒必爭的緊繃生活裡，不妨趁著週末的時候稍微放鬆一下，特意撥出時間來和孩子輕鬆互動。

現在我家的3個孩子都已經長大成人了，回想往昔，深感育兒的關鍵字就是「親子一起」。

我認為身為父母的不能只是高高在上地看著孩子做出指導，有時必須以孩子的角度看往同一方向，和孩子一起認真努力地投入某一項事物中。當有朝一日孩子獨立，離開父母身邊之後，這些都會成為他們的寶貴回憶。

請大家身體力行，讓週末的親子時光過得有意義。

家族活動也是美好的回憶。此時所拍下的照片不應塵封在手機裡，請列印出來，親子同樂做成相本。這些點滴會化為家族深厚的感情，終有一天會在提升孩子的自我肯定感上發揮作用。沒有外出的日子，則請充分活用本書內容。

最後，我要感謝WAVE出版編輯部的枝久保小姐，以及文字編輯福井小姐，在這個非常時期不辭辛勞地幾度前來辦公室進行討論，託二位的福，才能在短時間內完成本書。這段期間承蒙兩位的大力協助，謹此致上最深的謝意。

令和二年（二〇二〇年）十月吉日

七田　厚

快速查找各種想培養的能力
右腦開發遊戲索引

七田 厚

七田教育研究所股份有限公司董事長。七田式教育負責人。

1963年生於島根縣。東京理科大學理學院數學科畢業。為七田家次男，其父乃推廣「幼兒右腦教育」之七田式創始人七田真。七田式教育在日本國內約有220間教室，版圖擴及世界18個國家與地區。此外，由他親自參與研發的「七田式」教材亦廣獲好評，在過去10年間約有15萬家庭購入。

除了經營教室與販售教材之外，出自「盼能幫助更多家長減輕教養孩子的負擔」這項理念，於日本全國各地進行演講，廣獲對育兒感到煩惱的父母親支持。

著作有《「子どもの力」100%引き出せる親の習慣（暫譯：百分百引導出「孩子能力」的父母親習慣）》（PHP研究所）、《七田式頭が鋭くなる大人の算数ドリル（暫譯：七田式之頭腦變靈敏的成人算術填空）》（青春出版社）、《忙しいママのための七田式「自分で学ぶ子」の育て方（暫譯：寫給忙碌媽媽之七田式教出「懂得自行學習的孩子」）》（幻冬舍）等等。

0～6歲幼兒右腦潛能開發遊戲

每天5分鐘！掌握腦部發展黃金關鍵期，
輕鬆培養孩子無限創造力

2021年7月1日初版第一刷發行

著　　者　七田 厚
譯　　者　陳姵君
主　　編　陳其衍
美術編輯　黃瀞瑢
發 行 人　南部裕
發 行 所　台灣東販股份有限公司
　　　　　<網址> http://www.tohan.com.tw
法律顧問　蕭雄淋律師
香港發行　萬里機構出版有限公司
　　　　　<地址>香港北角英皇道499號北角工業大廈20樓
　　　　　<電話>（852）2564-7511
　　　　　<傳真>（852）2565-5539
　　　　　<電郵> info@wanlibk.com
　　　　　<網址> http://www.wanlibk.com
　　　　　　　　　http://www.facebook.com/wanlibk
香港經銷　香港聯合書刊物流有限公司
　　　　　<地址>香港荃灣德士古道220-248號
　　　　　　　　荃灣工業中心16樓
　　　　　<電話>（852）2150-2100
　　　　　<傳真>（852）2407-3062
　　　　　<電郵> info@suplogistics.com.hk
　　　　　<網址> http://www.suplogistics.com.hk

Printed in Taiwan, China.